无为县降水规律与
防洪策略

奚立平　著

黄河水利出版社

·郑州·

内 容 提 要

本书是安徽高校自然科学研究重点项目(KJ2017A602)的研究成果,系统分析了无为县降水量多时间尺度规律,并对未来5年降水量进行预测,据此提出无为县防洪策略和方法。本书共分六章,分别为:无为县概况,无为县降水量年际变化规律和特点,无为县降水量年内变化规律和特点,无为县降水量变化趋势及突变分析,无为县降水量的时间序列分析预测,无为县防洪策略与方法。

本书可供从事水文、气象、防洪、水利工程等方面工作和研究的技术人员以及高等院校有关专业师生参考使用。

图书在版编目(CIP)数据

无为县降水规律与防洪策略/奚立平著. —郑州:黄河水利出版社,2018.10

ISBN 978-7-5509-2178-8

Ⅰ.①无… Ⅱ.①奚… Ⅲ.①年降水量-研究-无为县②防洪-研究-无为县 Ⅳ.①P332.1②TV87

中国版本图书馆 CIP 数据核字(2018)第 244763 号

组稿编辑:王路平 电话:0371-66022212 E-mail:hhslwlp@126.com

出 版 社:黄河水利出版社　　　　　　　　　　网址:www.yrcp.com

　　　　　地址:河南省郑州市顺河路黄委会综合楼14层　邮政编码:450003

发行单位:黄河水利出版社

　　　　　发行部电话:0371-66026940、66020550、66028024、66022620(传真)

　　　　　E-mail:hhslcbs@126.com

承印单位:河南新华印刷集团有限公司

开本:890 mm×1 240 mm　1/32

印张:4.375

字数:130 千字

版次:2018 年 10 月第 1 版　　　　　　印次:2018 年 10 月第 1 次印刷

定价:20.00 元

前　言

　　2016 年 6 月底至 7 月下旬，无为县遭遇了超历史特大洪水袭击，此次洪水是 1954 年有资料记载以来最大洪水。据统计，6 月 21 日至 7 月 21 日，全县累计平均降雨 646 mm，是常年的 2.58 倍，强降雨致使江河水位猛涨，长江内河外压内胀，境内西河、永安河等重要河流超保证水位 40 多天。全县共有 121 万人口受灾，农作物受灾面积达 6.85 万 hm²，倒塌、损坏房屋 16 172 间，共造成直接经济损失 54.1 亿元，抗洪压力之大、因汛受灾之重为历史之最。无为县是作者的家乡，洪灾期间，作者虽然身在外地，但对家乡人民所受的灾难感同身受，想尽力为家乡做点事。天遂人愿，恰逢 2017 年度科研项目申报期，作者针对家乡无为县降水情况成功申报一项科研项目——安徽高校自然科学研究重点项目（KJ2017A602）"无为县降水多时间尺度规律及长期预测研究"。经过一年多的研究，取得了一些成果，汇总撰写成书，以期对家乡的防汛抗旱、水资源管理、农业结构调整、农业生产管理、生态建设等提供参考。

　　降水规律是地区水资源特性的主因之一，在降水规律的研究方面，学者们做了大量工作，但国内偏重于长期规律的研究，短期规律研究较少，对同一地区长、短期结合的多时间尺度研究，以及将降水规律结合防洪策略的研究均相对缺乏，再加之由于地理和气候差异，各地降水规律存在差异性，因此从长、短期结合的多时间尺度来研究地区降水规律，全面弄清地区降水特点，并在此基础上进行防洪策略研究，就非常必要，亦顺理成章。本书采用 Morlet 小波分析、时间序列分析、线性倾向性估计、累积距平、Mann-Kendall 突变检测、相关分析等方法，从年际、年内的月、旬、候、日、白天、夜间、小时等长、短期结合的多时间尺度，全面揭示无为县降水规律和特点，并据此提出防洪策略和方法建议。

在项目研究和本书撰写过程中，得到无为县气象局、无为县水务局、安徽水利水电职业技术学院的领导和同仁们的大力支持和帮助，在此表示衷心的感谢！

由于作者水平有限，不足之处在所难免，恳请读者批评指正。

奚立平

2018 年 7 月于合肥

目　录

第一章　无为县概况

第一节　自然地理

一、地理位置

无为县地处安徽省中南部,位于东经 117°28′48″~118°21′00″,北纬 30°56′21″~31°30′21″,北依巢湖,南临长江,总面积 2 022 km²(2013年前未划分部分乡镇至芜湖市时为 2 413 km²),如图 1-1 所示。

图 1-1　无为县地理位置

二、地形地貌

无为县境内地貌总的特征是西北高、东南低，即"山环西北，水聚东南"。大体可分为低山丘陵区和平原区。低山丘陵区自北部县界延伸至西南，岗峦起伏，海拔大多在 40~200 m，面积 514 km²，占全县总面积的 21.30%，为自然土壤，土层多含砂砾，部分为裸岩，土壤流失严重，肥力差。平原区又可分为低圩、洲地、平畈。低圩平原以县境东部圩区为主，沿西河延伸到县境西部，海拔 10 m 左右，水网发达，面积 980 km²，占全县总面积的 40.61%，多为潜育型水稻土。沿江洲地由长江沿岸滩地和江心诸洲组成，地势平坦，海拔 9 m 左右，面积 392 km²，占全县总面积的 16.25%，土壤含砂量高，土质疏松肥沃，以旱作为主。低岗平畈处于县境中部，既有低岗、残丘，又有平畈、田园，海拔 12~14 m，面积 527 km²，占全县总面积的 21.84%，地势起伏平缓，土壤肥沃，种植水稻历史悠久，以潴育型和侧漂型水稻土为主。

三、土壤植被

无为县土壤大体可分为 5 个土类，12 个亚类，39 个土属，84 个土种。

（1）水稻土土类。为县内分布最广、面积最大的一个土类，共有 8 0039.5 hm²，占全县总耕地面积的 83.17%。秋季作物为水稻，午季作物为油菜、麦类和绿肥等。

（2）潮土土类。是县内重要的旱耕土壤，除泥骨土土属外，余皆土层疏松，耕性和供肥性良好，面积 12 156.8 hm²，占总耕地面积的 12.63%。主要分布于沿江洲滩和内河两侧的河滩旱地，多种植棉花、大豆、花生等经济作物。

（3）黄棕壤土类。是红壤和棕壤的过渡性土壤类型。主要分布在县境西北、西南低山丘陵地区，地面高程在 150~680 m，多为人工造林，部分为裸岩山和荒草山，较低缓的山岗种植旱杂粮。该土类面积 22 847.9 hm²，其中非耕地 18 942.8 hm²。

（4）紫色土土类。此土类零星分布在丘陵地区。由粉砂质紫色页岩和紫色砂砾岩的风化物发育而成。含酸性紫色土 1 个亚类,酸性紫砂土、酸性紫泥土 2 个土属,全县共有 411.6 hm²。酸性紫砂土一般种山芋、豌豆等,但长势差,产量低。

(5)石灰(岩)土土类。主要分布在县境西北边境的低山丘陵地带,土层厚薄不一,面积 3 620.8 hm²。一般种植侧柏、松、杉等,但长势较差。

县内除耕作地带外,多为次生草本植物群落。

(1)树木。有马尾松、黑松、金钱松、侧柏、刺柏、黄檀、洋槐、槐、樟、梧桐、枫杨、赤杨、白杨、柽柳、乌桕、楝、梓栎、柞、沙朴、冬青、枳、黄杨、棕榈、皂荚、石楠、南天竹、枸骨、漆树、檫、山楂、青冈栎、柘、椿、楮、榾、榆、银杏、女贞、野柿、山玉兰、化香树、喜树等。

(2)竹类。以栽培为主,其中毛竹种植面积最大。野生竹在丘陵地区有零星分布,有苦竹、箭竹、慈竹、凤尾竹、紫竹等。

(3)野生药用植物。有丹参、桔梗、山银花、射干、沙参、柴胡、麦冬、地丁、大蓟、小蓟、威灵仙、寻骨风、艾、薄荷、益母草、车前草、草决明、马齿苋、蒲公英、半夏、天南星等 500 余种。

四、资源与环境

全县境内已探明的主要矿种有:煤、铁、铜、硬石膏、石炭岩、砖瓦黏土等 22 种,探明储量 8 种,其中煤 400 万 t,铁 1 200 万 t,铜矿石 300 万 t,硬石膏 87 000 万 t,明矾石 350 万 t,全县已开发利用的矿产有 13 种。

2016 年工业废水排放达标率 99.8%,工业烟尘排放达标率 99.8%,城区全年空气质量优良以上天数 312 天。污水处理厂 2 座,污水处理厂集中处理率 79%。全年环境污染治理投资 2.75 亿元。

第二节 水文气候

一、水文水系

无为县东南部、中部圩区多池塘、河沟,北部、西南部丘陵山区多水库、湖泊。

(1)长江。由铜陵灰河口入无为县境西南,沿东北方向流经 103 km,至裕溪口东去。长江水位,入县境段(凤凰颈站)一般高于出县境段(芜湖站)2 m 左右。全县拥有 113 km 的长江岸线,占安徽省岸线总长度的 1/4,具有可以满足 5 000～10 000 t 级大型船舶停靠的深水良港。江面宽度为 1～2.5 km,水深一般保持在 10 m 左右,属一级航道,具备岸线利用的一切经济功能。

(2)西河。为无为县内主干河流。西河源于庐江县的黄陂湖、白湖,由榆树拐进入无为县,自西向东贯穿全县,从黄雒河河口汇入裕溪河,而后汇入长江。西河在无为县境内长 72.7 km,河底宽 20～30 m,河底高程 4～6 m,最大引灌流量 178 m³/s,最大排灌流量 300 m³/s,流域面积 1 746 km²,年均径流量 26.2 m³/s。西河流经平原区,水流平缓,上游来水面广,下游受长江水顶托,遇暴雨水位猛涨,圩区易决堤。其主要支流有鹤毛河、郭公河、永安河、独山河、花桥河、花渡河、黄陈河等。

(3)裕溪河。由黄龙锥子山麓入境,沿无为县与含山县、和县县界,流经 49.3 km,至裕溪口汇入长江。其西南岸县内乡村依次为黄龙、黄雒、田桥、凤凰桥、三汊河、马渡、雍南、长安等。河床宽 100 m,泄洪能力为 1 100 m³/s,通常航行水位保持在 5 m 左右。

(4)湖泊、水库等。县内河沟 5 319 条,面积 5 100 hm²;湖泊 32 处,面积 1 509 hm²,有竹丝湖、南大湖、大海子湖、黄湖等,最大者为竹丝湖 1 100 hm²;水库 310 座,面积 394 hm²,其中较大者 11 座,面积 166 hm²,其余 299 座,面积 228 hm²。

二、气候

无为县属北亚热带湿润季风气候区,季风显著,四季分明,光照充足,雨量充沛,温暖湿润,无霜期长,但雨量年际变幅大,旱涝频繁。全县历年平均气温 15.8 ℃。年际变动在 15.1～16.9 ℃,变幅 1.8 ℃。常年最热月为 7 月和 8 月,一般最高气温在 36 ℃左右,极端最高气温 39.5 ℃(1966 年 8 月 7 日)。最冷月为 1 月,一般最低气温在-7 ℃左右,极端最低气温为-15.7 ℃(1969 年 2 月 6 日)。

县内平均年降雨量 1 170.5 mm。平均年雨日为 126.6 天,平均 3 天有 1 天下雨。一年中 3、4 月雨日最多,32 年(1957~1988 年)的 3、4 月平均雨日值为 13.7 天。西南山区多于东北平原区,三公山雨量最多。降雨主要集中在 4~8 月,县内梅雨显著,梅雨期一般在 6 月中旬到 7 月上旬,平均长 23 天。梅雨期雨日多,暴雨集中,易积水成灾。发生于 1954 年、1969 年、1983 年的三年涝灾,皆因梅雨量过大所致。1969 年 7 月 15 日一天降雨量达 248.2 mm,为历史上罕见。而干旱年又与"空梅""少梅"年相吻合。

空气湿度年平均值为 81%,年际间和季节间变化不大,一年中有 8 个月(3~10 月)不低于 80%。

第三节　社会概况

一、行政区划及人口

无为县辖 20 个乡镇、2 个省级经济开发区,2016 年常住人口 103.7 万人。

二、社会经济

2016 年无为县 GDP 为 371.3 亿元,连续多年跻身"安徽省十强县"行列。

(1)农业。2016 年粮食种植面积 7.3 万 hm²,其中稻谷播种面积 5.2 万 hm²;蔬菜种植面积 2.0 万 hm²;油料种植面积 1.5 万 hm²;棉花种植面积 1.1 万 hm²。全年粮食总产量 54.1 万 t,蔬菜 51.1 万 t,油料产量 4.8 万 t,全年生猪存栏 13.2 万头。肉类总产量 4.9 万 t,其中,猪肉产量 2.2 万 t;禽蛋产量 3.1 万 t;水产品产量 6.6 万 t。年末全县农业机械总动力 75.3 万 kW,有效灌溉面积 75 700 hm²。

(2)工业。2016 年末全县规模以上工业企业 279 户,实现总产值 778.1 亿元,全年实现利润 32.1 亿元。无为县已形成以电线电缆产业为龙头,以新型化工、农副产品加工、羽毛羽绒和纺织服装等产业为中坚的主导产业体系,其中电线电缆产业规模位居中国四大电线电缆产业基地第 2 位,是安徽省最典型、最成熟、最活跃的产业集群之一。

(3)交通、邮电和旅游。2016 年末县内公路里程 4 063.2 km,其中等级公路 4 033.3 km。全县长江航道里程 54 km,内河航道里程 155.6 km。全年旅客运输周转量 8.0 亿人公里;货物运输周转量 147.4 亿吨公里。年末全县民用汽车拥有量 5.9 万辆,其中私人汽车 5.4 万辆。年末实有公共汽车营运车 86 辆,实有出租汽车 834 辆。

2016 年邮电业务总量 7.9 亿元,其中,电信业务总量 6.9 亿元,邮政业务总量 1.0 亿元。快递业务量 108 万件,快递业务收入 1 800 万元。年末本地固定电话用户 6.5 万户,移动电话用户 58.1 万户。年末互联网宽带接入用户 11.6 万户。

2016 年接待各类旅客 56 万人次,旅游总收入 5.3 亿元。

(4)人民生活和社会保障。据抽样调查,2016 年居民人均可支配收入 20 910 元。其中,城镇常住居民人均可支配收入 29 411 元,农村常住居民人均可支配收入 15 340 元。年末全县参加城镇基本养老保险、城镇基本医疗保险人数分别为 4.6 万人和 12.9 万人。参加失业保险人数为 3.4 万人。参加新型农村合作医疗的农业人口 67.9 万人。年末享受城镇居民最低生活保障 8 452 人,享受农村居民最低生活保障 28 519 人,享受农村五保供养 6 038 人。全县各种社会福利收养性单位 50 个,各种社会福利收养性单位床位数 7 764 床。全年用于社会保障与就业方面的财政支出 8.2 亿元。

第二章　无为县降水量年际
变化规律和特点

第一节　小波分析的基本原理

一、小波分析简介

在时间序列研究中,时域和频域是常用的两种基本形式。其中,时域分析具有时间定位能力,但很多时候,有用的信息往往隐藏在信号的频率成分中,而时域分析对此却无能为力。频域分析则具有准确的频率定位功能,比如对时域信号做傅里叶变换,就会得到信号的频谱,但傅里叶变换为了获得频域上的信息把时域上的信息全都放弃了,因此它仅适合平稳时间序列分析。而降水属非平稳随机水文现象,降水时间序列不但具有趋势性、周期性等特征,还存在随机性、突变性以及"多时间尺度"结构,具有多层次演变规律。对于降水时间序列的研究,通常需要某一频段对应的时间信息,或某一时段的频域信息。显然,时域分析和频域分析对此均无能为力。

Gabor 在 1946 年引入的加窗傅里叶变换基本上克服了傅里叶变换在时域上没有分辨率的缺点,但由于其窗函数的大小和形状与时间和频率无关,因此我们不可能同时得到高的时间分辨率和高的频率分辨率。20 世纪 80 年代初,由 Morlet 提出的一种具有时—频多分辨功能的小波分析为更好地研究时间序列问题提供了可能。它继承了加窗傅里叶变换的思想,但它的窗口具有自适应性,即它的窗口大小固定形状可变,是一种时间窗和频率窗都可改变的时频分析方法,在检测低频部分具有较高的频率分辨率和较低的时间分辨率,在检测高频部分则具有较高的时间分辨率和较低的频率分辨率。因此,在时–频域上同时具有局部化特征和多分辨功能,对处理非平稳水文序列具有独特的优点,能从时域和频域上精确揭示信号细微的时频变化特征,能清晰地揭示出隐藏在时间序列中的多种变化周期,充分反映系统在不同时间尺度中的变化趋势,并能对系统未来发展趋势进行定性估计。

二、小波函数

小波分析的基本思想是用一簇小波函数系来表示或逼近某一信号或函数。因此,小波函数是小波分析的关键,它是指具有震荡性、能够迅速衰减到零的一类函数,即小波函数 $\psi(t) \in L^2(R)$ 且满足:

$$\int_{-\infty}^{+\infty} \psi(t) \, \mathrm{d}t = 0 \qquad (2\text{-}1)$$

式中: $\psi(t)$ 又被称为基小波或母小波,这也是 $\psi(t)$ 被认为是小波函数的原因,因为满足这一条件的函数与 $\sin(t)$ 等简谐函数相比,波形都是小的。

另外,它可通过尺度的伸缩和时间轴上的平移构成一簇函数系:

$$\psi_{a,b}(t) = |a|^{-1/2} \psi\left(\frac{t-b}{a}\right) \qquad (\text{其中}, a, b \in R, a \neq 0) \qquad (2\text{-}2)$$

式中: $\psi_{a,b}(t)$ 为分析小波或连续小波; a 为尺度(伸缩)因子,反映小波的周期长度; b 为时间(平移)因子,反映时间上的平移。

需要说明的是,选择合适的基小波函数是进行小波分析的前提。在实际应用研究中,应针对具体情况选择所需的基小波函数。

三、小波变换

若 $\psi_{a,b}(t)$ 是由式(2-2)给出的连续小波,对于给定的能量有限的连续时间信号或模拟信号 $f(t) \in L^2(R)$,其连续小波变换为:

$$W_f(a,b) = |a|^{-1/2} \int_R f(t) \overline{\psi}\left(\frac{t-b}{a}\right) \mathrm{d}t \qquad (2\text{-}3)$$

式中: $W_f(a,b)$ 为小波变换系数; a 为尺度(伸缩)因子,反映小波的周期长度,常取 $a = 1/2^n$, $n = 1, 2, \cdots$; b 为时间(平移)因子,反映时间上的平移, b 取正整数,且 $b \leq N$, N 为信息样本容量; t 为时间; $\overline{\psi}\left(\dfrac{t-b}{a}\right)$ 为

$\psi(\dfrac{t-b}{a})$ 的复共轭函数。

由于降水的时间序列数据是离散的,设函数为 $f(k\Delta t)$,则式(2-3)的离散小波变换形式为:

$$W_f(a,b) = |a|^{-1/2}\Delta t \sum_{k=1}^{N} f(k\Delta t)\overline{\psi}(\dfrac{k\Delta t - b}{a}) \qquad (2-4)$$

式中: $k=1,2,\cdots,N$; Δt 为取样间隔;其他符号意义同前。

由式(2-3)或式(2-4)可知小波分析的基本原理,即通过调整 a 的大小来改变时频窗口的时宽和频宽,实现对信号不同时间尺度和空间局部特征的分析。

实际研究中,最主要的就是要由小波变换方程得到小波系数,然后通过这些系数来分析时间序列的时频变化特征。由 Morlet 小波变换系数计算的实部表示不同特征时间尺度信号在不同时间上的分布和位相等信息,实部为正对应于偏多期,反之对应于偏少期。因此,常通过绘制以 b 为横坐标、a 为纵坐标的小波变换系数实部等值线图来揭示信号的变化规律。

四、小波方差

将小波系数的平方值在 b 域上积分,就可得到小波方差,即

$$Var(a) = \int_{-\infty}^{+\infty} |W_f(a,b)|^2 \, db \qquad (2-5)$$

小波方差随尺度 a 的变化过程,称为小波方差图。由式(2-5)可知,它能反映信号波动的能量随尺度 a 的分布。因此,小波方差图可用来确定信号中不同种尺度扰动的相对强度和存在的主要时间尺度,即主周期。

观测得到的降水序列,由于受众多因素影响,含有系统噪声和测量噪声。而噪声的存在会淹没降水序列的一些特性,所以在做小波分析前往往会对序列进行消噪处理。小波消噪的思路:由于有用信号通常表现为低频信号或是一些较平稳的信号,而噪声则通常表现为高频信号,这样就可利用小波分析将高频成分和低频成分有效分离出来的特

点,根据不同信号在小波变换后表现出的不同特性,对小波分解序列进行处理,将处理后的序列加以重构,实现信噪分离。

第二节　年降水量的年际变化规律和特点

利用 Matlab2015 和 Surfer8.0 软件,对无为县 1957~2016 年的年降水量进行 Morlet 小波分析并绘图。

图 2-1 反映了小波变换系数实部在平面上的变化强弱,其中实线表示正相位,代表降水量处于偏多状态,虚线表示负相位,代表降水量处于偏少状态。可以看出,年降水量具有较为明显的 10 年、13 年、22 年 3 类时间尺度的周期变化,在此 3 类时间尺度上年降水量的偏多—偏少交替出现,降水波动能量变化特性的能量聚集中心,在 10 年尺度上其坐标主要有:(1960,11)、(1964,10)、(1967,10)、(1970,9)、(1973,10)、(1976,10)、(1980,11)、(1998,9)、(2002,9)、(2004,9)、(2007,10)、(2010,10)、(2014,11);在 13 年尺度上主要有:(1969,13)、(1973,14)、(1974,14)、(1983,13)、(1988,13)、(1991,13)、(1996,13)、(2001,13)、(2005,13);在 22 年尺度上主要有:(1965,22)、(1972,21)、(1981,22)、(1987,22)、(1995,22)、(2004,21)、(2011,21)。其中,10 年尺度的周期性波动在 1960~1980 年、1998~2014 年较为显著,13 年尺度的周期性波动在 1968~2005 年较为显著,22 年尺度的周期性波动具有全域性。

图 2-2 反映了信号波动能量在时间尺度分布上的强弱,据此可以识别时间信号序列的主周期,可以看出,年降水量小波方差存在 5 个峰值,即存在 3 年、6 年、10 年、13 年、22 年左右的主周期。其中,最大峰值对应于 22 年的时间尺度,表明时间尺度的周期性震荡变化在 22 年最为强烈,为第一主周期;第二、第三峰值分别对应于 10 年、13 年的时间尺度,分别为第二及第三主周期。另外,从图 2-1 可知 6 年尺度的周期性波动仅在 1978~1998 年较为显著,其余年份相对较弱;3 年尺度的周期性波动微弱。

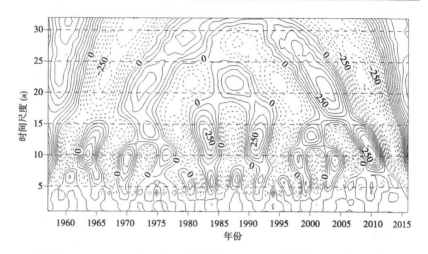

图 2-1　1957~2016 年无为县年降水量 Morlet 小波变换系数实部等值线

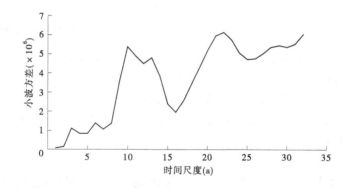

图 2-2　1957~2016 年无为县年降水量变化小波方差

由图 2-3 可知,年降水量在 22 年尺度上,经历 4 次偏多—偏少交替变化,2016 年处于偏多阶段,但上升的趋势变缓;在 10 年尺度上,经历了 9 次偏多—偏少的交替变化,2016 年处于偏多阶段;在 13 年尺度上,经历 7 次偏多—偏少交替变化,2016 年也处于偏多阶段。10 年尺度的丰、枯交替变化嵌套在 13 年尺度的丰、枯结构中,13 年尺度的丰、枯交替变化嵌套在 22 年尺度的丰、枯结构中。从 22 年、10 年、13 年尺度上来看,年降水量均处于偏多阶段的高位,预计 2016 年后年降水量还将处于偏多阶段并持续较长时间,但即将进入下降的通道。

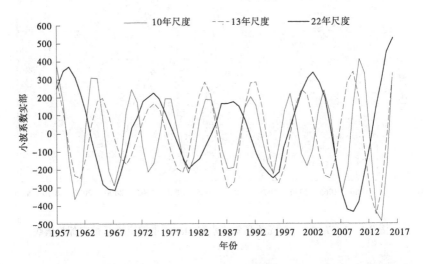

图 2-3　1957~2016 年无为县年降水量变化主周期小波系数实部过程线

综上所述,无为县 1957~2016 年年降水量存在丰、枯交替的多周期变化规律,其第一、第二及第三主周期分别是 22 年、10 年、13 年,从三个主周期的时间尺度上来看,年降水量均处于偏多阶段的高位,预计 2016 年后年降水量还将处于偏多阶段并持续较长时间,但即将进入下降的通道。

第三节　四季降水量的年际变化规律和特点

为了进一步了解无为县各个季节降水的年际变化规律和特点,对无为县 1957~2016 年的春、夏、秋、冬四个季节降水量进行 Morlet 小波分析。其中,春季为 3 月到 5 月,夏季为 6 月到 8 月,秋季为 9 月到 11 月,冬季为 12 月到次年的 2 月。

一、春季降水量变化规律和特点

从图 2-4 可以看出,春季降水量具有较为明显的 6 年、10 年、22

年、28 年 4 类时间尺度的周期变化,在此 4 类时间尺度上年降水量的偏多—偏少交替出现,降水波动能量变化特性的能量聚集中心,在 6 年尺度上其坐标主要有:(1958,6)、(1960,6)、(1962,6)、(1964,6)、(1966,6)、(1968,6)、(1983,5)、(1984,6)、(1986,6)、(1988,6)、(1990,6)、(1997,6)、(2003,6)、(2005,6)、(2012,6)、(2014,6);在10 年尺度上主要有:(1967,11)、(1972,10)、(1974,10)、(1978,10)、(1981,10)、(1985,11)、(1988,11)、(1992,9)、(1995,8)、(1998,8)、(2002,8)、(2004,9)、(2007,10)、(2010,10)、(2014,10);在 22 年尺度上主要有:(1983,22)、(1990,21)、(1997,19)、(2004,19)、(2010,19);在 28 年尺度上主要有:(1960,27)、(1967,27)、(1975,25)、(1986,28)、(1996,28)、(2007,28)。其中,6 年尺度的周期性波动在1957~1970 年、1983~1990 年以及 1997 年至今较为显著,10 年尺度的周期性波动自 1966 年以来较为显著,22 年尺度的周期性波动自 1980年以来较为显著,28 年尺度的周期性波动基本上具有全域性。

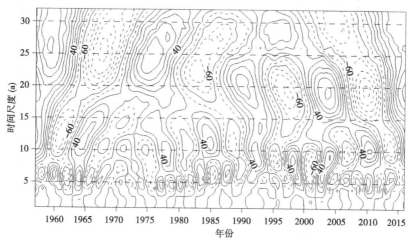

图 2-4　1957~2016 年无为县春季降水量 Morlet 小波变换系数实部等值线

　　图 2-5 反映了春季降水量小波方差存在 4 个峰值,即存在 6 年、10年、22 年、28 年左右的主周期。其中,最大峰值对应于 28 年的时间尺度,表明时间尺度的周期性震荡变化在 28 年最为强烈,为第一主周期;

第二、第三、第四峰值分别对应于 22 年、10 年、6 年的时间尺度,分别为第二、第三及第四主周期。

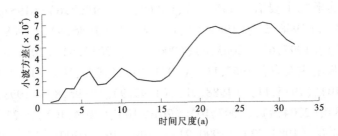

图 2-5 1957~2016 年无为县春季降水量变化小波方差

由图 2-6 可知,春季降水量在 28 年尺度上,经历 3 次偏多—偏少交替变化,2016 年处于偏多峰值后开始下降的阶段,预计 2016 年后还将处于偏多阶段 3~4 年;在 22 年尺度上,经历了 4 次偏多—偏少的交替变化,2016 年处于偏多阶段的高位;在 10 年尺度上,经历 9 次偏多—偏少交替变化,2016 年也是处于偏多阶段的高位;在 6 年尺度上,丰、枯的差异不太明显,大体经历 16 次偏多—偏少交替变化,2016 年处于偏少阶段的低位。6 年尺度反映的结果看似与 10 年、22 年、28 年尺度反映的结果相矛盾,其实是由于不同时间尺度造成的,6 年尺度的

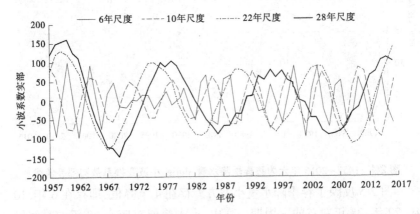

图 2-6 1957~2016 年无为县春季降水量变化主周期小波系数实部过程线

丰、枯交替变化嵌套在 10 年尺度的丰、枯结构中,10 年尺度的丰、枯交替变化嵌套在 22 年尺度的丰、枯结构中,22 年尺度的丰、枯交替变化嵌套在 28 年尺度的丰、枯结构中。

二、夏季降水量变化规律和特点

利用 Matlab2015 和 Surfer8.0 软件,对无为县 1957~2016 年夏季降水量进行 Morlet 小波分析并绘图。

图 2-7 反映了小波变换系数实部在平面上的变化强弱,其中实线表示正相位,代表降水量处于偏多状态,虚线表示负相位,代表降水量处于偏少状态。可以看出,夏季降水量具有较为明显的 10 年、13 年、23 年 3 类时间尺度的周期变化,在此 3 类时间尺度上年降水量的偏多—偏少交替出现,降水波动能量变化特性的能量聚集中心,在 10 年尺度上其坐标主要有:(1960,10)、(1963,10)、(1966,9)、(1970,8)、(1973,9)、(1976,9)、(1978,10)、(1998,10)、(2002,9)、(2004,9)、(2007,10)、(2010,10)、(2014,11);在 13 年尺度上主要有:(1977,13)、(1982,13)、(1987,13)、(1996,13)、(2000,13)、(2004,13);在 23 年尺度

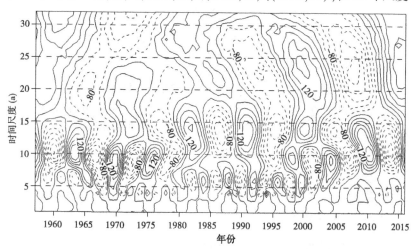

图 2-7　1957~2016 年无为县夏季降水量 Morlet 小波变换系数实部等值线

上主要有:(1985,23)、(1992,23)、(2000,23)、(2008,23)。其中,10 年尺度的周期性波动具有全域性,13 年尺度的周期性波动在 1975~2007 年较为显著,23 年尺度的周期性波动在 1985~2016 年较为显著。

图 2-8 反映了信号波动能量在时间尺度分布上的强弱,据此可以识别时间信号序列的主周期,可以看出,夏季降水量小波方差存在 5 个峰值,即存在 4 年、6 年、10 年、13 年、23 年左右的主周期。其中,最大峰值对应于 10 年的时间尺度,表明时间尺度的周期性震荡变化在 10 年最为强烈,为第一主周期;第二、第三峰值分别对应于 13 年、23 年的时间尺度,分别为第二及第三主周期。另外,从图 2-7 可知 6 年尺度的周期性波动仅在 1981~2000 年较为显著,其余年份相对较弱;4 年尺度的周期性波动微弱。

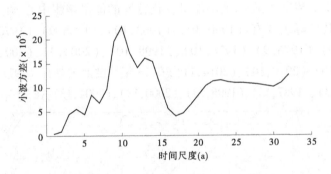

图 2-8 1957~2016 年无为县夏季降水量变化小波方差

由图 2-9 可知,夏季降水量在 10 年尺度上,经历了 9 次偏多—偏少的交替变化,2016 年处于偏多阶段的高位;在 13 年尺度上,经历 7 次偏多—偏少交替变化,2016 年也是处于偏多阶段的高位;在 23 年尺度上,经历 4 次偏多—偏少交替变化,2016 年处于偏多阶段的高位,但上升趋势变缓。预计 2016 年后夏季降水量还将处于偏多阶段并持续较长时间,但即将进入下降的通道。

三、秋季降水量变化规律和特点

从图 2-10 可以看出,秋季降水量具有较为明显的 5 年、9 年、17 年

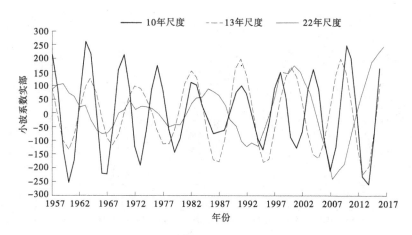

图 2-9　1957~2016 年无为县夏季降水量变化主周期小波系数实部过程线

3 类时间尺度的周期变化,在此 3 类时间尺度上年降水量的偏多—偏少交替出现,降水波动能量变化特性的能量聚集中心,在 5 年尺度上其坐标主要有:(1958,5)、(1960,5)、(1962,5)、(1963,5)、(1965,5)、(1966,5)、(1968,5)、(1981,4)、(1982,5)、(1984,5)、(1985,5)、(1986,5)、(1988,5)、(1990,5)、(1992,5)、(1994,5)、(1995,5)、(1997,5)、(1998,5)、(2000,5)、(2002,6)、(2004,6)、(2006,6);在 9 年尺度上主要有:(1958,8)、(1962,8)、(1964,8)、(1967,8)、(1969,8)、(1972,8)、(1974,9)、(1977,9)、(2002,9)、(2006,9)、(2008,9)、(2012,9)、(2015,9);在 17 年尺度上主要有:(1959,20)、(1966,19)、(1973,18)、(1978,17)、(1983,17)、(1988,17)、(1995,17)、(2001,17)、(2007,16)、(2012,16)。其中,5 年尺度的周期性波动在 1957~1968年、1980~2007 年较为显著,9 年尺度的周期性波动在 1957~1977 年以及 2002 年至今较为显著,17 年尺度的周期性波动基本上具有全域性。

从图 2-11 可以看出,秋季降水量小波方差存在 3 个峰值,即存在 5年、9 年、17 年左右的主周期。其中,最大峰值对应于 17 年的时间尺度,表明时间尺度的周期性震荡变化在 17 年最为强烈,为第一主周期;第二、第三峰值分别对应于 9 年、5 年的时间尺度,分别为第二及第三主周期。

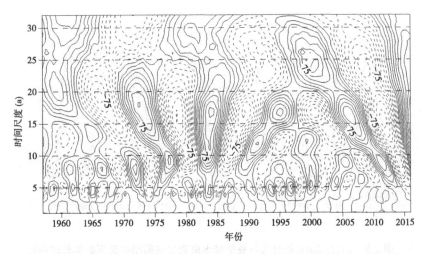

图 2-10　1957~2016 年无为县秋季降水量 Morlet 小波变换系数实部等值线

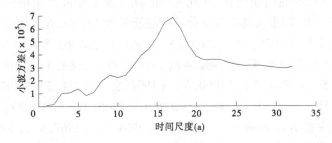

图 2-11　1957~2016 年无为县秋季降水量变化小波方差

　　由图 2-12 可知,秋季降水量在 17 年尺度上,经历 5 次偏多—偏少交替变化,2016 年处于偏多阶段的高位,但上升的趋势变缓,即将进入下降的通道;在 9 年尺度上,经历了 11 次偏多—偏少的交替变化,2016 年也是处于偏多阶段的高位;在 5 年尺度上,丰、枯的差异不太明显,大体经历 16 次偏多—偏少交替变化,2016 年处于偏少阶段的低位,但下降趋势变缓。5 年时间尺度反映的结果与 9 年、17 年尺度反映的结果不一致,这是由于不同时间尺度造成的,5 年尺度的丰、枯交替变化嵌套在 9 年尺度的丰、枯结构中,9 年尺度的丰、枯交替变化嵌套在 17 年尺度的丰、枯结构中。

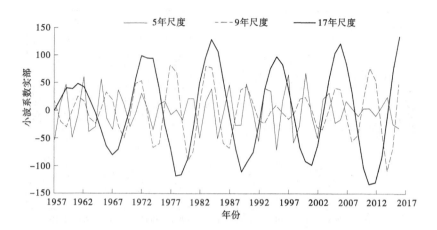

图 2-12　1957~2016 年无为县秋季降水量变化主周期小波系数实部过程线

四、冬季降水量变化规律和特点

从图 2-13 可以看出,冬季降水量具有较为明显的 4 年、7 年、22 年 3 类时间尺度的周期变化,在此 3 类时间尺度上年降水量的偏多—偏少交替出现,降水波动能量变化特性的能量聚集中心,在 4 年尺度上其坐标主要有:(1960,4)、(1962,4)、(1963,4)、(1965,4)、(1966,4)、(1967,4)、(1987,4)、(1988,4)、(1990,4)、(1991,4)、(1992,4)、(1994,4)、(1995,4)、(1996,4)、(1997,4)、(1998,4)、(2000,4)、(2001,4)、(2003,4)、(2004,4)、(2005,4)、(2007,4);在 7 年尺度上主要有:(1959,7)、(1962,7)、(1964,7)、(1966,7)、(1968,7)、(1971,7)、(1973,8)、(1976,8)、(1979,8)、(1982,8)、(1984,7)、(1986,7)、(1988,7)、(1991,7)、(1993,7)、(1995,7)、(1997,7)、(2000,7)、(2004,5)、(2005,5)、(2007,5)、(2009,6)、(2011,8)、(2013,8);在22 年尺度上主要有:(1958,24)、(1965,24)、(1973,23)、(1982,23)、(1989,22)、(1997,21)、(2003,20)、(2010,20)。其中,4 年尺度的周期性波动在 1960~1967 年、1987~2007 年较为显著,7 年尺度的周期性波动基本上具有全域性,22 年尺度的周期性波动也是基本上具有全域性。

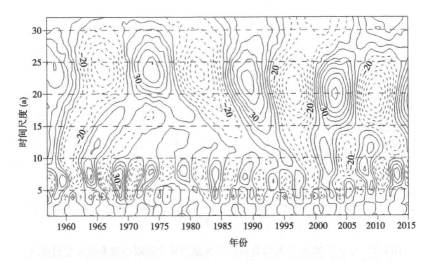

图 2-13　1957~2015 年无为县冬季降水量 Morlet 小波变换系数实部等值线

　　从图 2-14 可以看出,冬季降水量小波方差存在 3 个峰值,即存在 4 年、7 年、22 年左右的主周期。其中,最大峰值对应于 22 年的时间尺度,表明时间尺度的周期性震荡变化在 22 年最为强烈,为第一主周期;第二、第三峰值分别对应于 7 年、4 年的时间尺度,分别为第二及第三主周期。

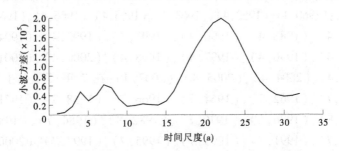

图 2-14　1957~2015 年无为县冬季降水量变化小波方差

　　由图 2-15 可知,冬季降水量在 22 年时间尺度上,经历 4 次偏多—偏少交替变化,2015 年处于偏多阶段,并有继续上升的趋势;在 7 年时间尺度上,经历了 12 次偏多—偏少的交替变化,2015 年处于偏少阶段的低位;在 4 年时间尺度上,丰、枯的差异不太明显,大体经历 20 次偏多—偏少交替变化,2015年处于偏多阶段。7年时间尺度反映的结果与4年、22年时间尺度反映的结果不一致,这是由于不同时间尺度造成的,4年尺度的丰、枯交替变化嵌套在7年尺度的丰、枯结构中,7年尺度的丰、枯交替变化嵌套在22年尺度的丰、枯结构中。

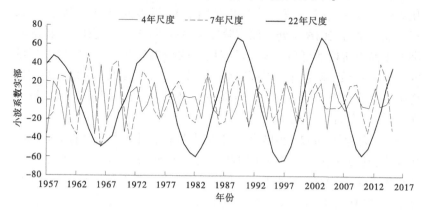

图2-15 1957~2015年无为县冬季降水量变化主周期小波系数实部过程线

五、小结

由上述四季降水量Morlet小波分析可知:

(1)无为县1957~2016年春季降水量存在丰、枯交替的多周期变化规律,其第一、第二、第三及第四主周期分别是28年、22年、10年、6年。从28年、22年、10年尺度上来看,2016年处于偏多阶段;从6年尺度来看,2016年则处于偏少阶段的低位。6年尺度反映的结果看似与10年、22年、28年尺度反映的结果相矛盾,其实是由于不同尺度造成的,这说明了小尺度的丰、枯交替变化嵌套在大尺度较为复杂的丰、枯结构中,即:6年尺度的丰、枯交替变化嵌套在10年尺度的丰、枯结构中,10年尺度的丰、枯交替变化嵌套在22年尺度的丰、枯结构中,22年尺度的丰、枯交替变化嵌套在28年尺度的丰、枯结构中,也反映了离开时间尺度研究降水量的变化规律是毫无意义的。

(2)无为县1957~2016年夏季降水量存在丰、枯交替的多周期变化规律,其第一、第二及第三主周期分别是10年、13年、23年。从10

年、13 年尺度上来看,2016 年处于偏多阶段的高位;从 23 年尺度来看,2016 年处于偏多阶段的高位,但上升趋势变缓。预计 2016 年后夏季降水量还将处于偏多阶段并持续较长时间,但即将进入下降的通道。

(3)无为县 1957~2016 年秋季降水量存在丰、枯交替的多周期变化规律,其第一、第二、第三主周期分别是 17 年、9 年、5 年。从 17 年、9 年尺度上来看,2016 年处于偏多阶段的高位;从 5 年尺度来看,2016 年则处于偏少阶段的低位。5 年尺度反映的结果与 9 年、17 年尺度反映的结果不一致,这是由于不同时间尺度造成的,5 年尺度的丰、枯交替变化嵌套在 9 年尺度的丰、枯结构中,9 年尺度的丰、枯交替变化嵌套在 17 年尺度的丰、枯结构中。

(4)无为县 1957~2015 年冬季降水量存在丰、枯交替的多周期变化规律,其第一、第二、第三主周期分别是 22 年、7 年、4 年。从 22 年、4 年尺度上来看,2016 年处于偏多阶段,并有继续上升的趋势;从 7 年尺度来看,2016 年则处于偏少阶段的低位。7 年尺度反映的结果与 4 年、22 年尺度反映的结果不一致,这是由于不同时间尺度造成的,4 年尺度的丰、枯交替变化嵌套在 7 年尺度的丰、枯结构中,7 年尺度的丰、枯交替变化嵌套在 22 年尺度的丰、枯结构中。

第四节　年降水量与四季降水量的年际变化规律和特点的比较

无为县年降水量和四季降水量的主周期及相应的 2016 年所处的降水阶段如表 2-1 所示。可以看出,夏季降水量的第一、二、三、四、五主周期分别与年降水量的第二、三、一、四、五主周期基本一致,夏季降水量与年降水量各主周期对应的 2016 年所处的降水阶段也是一致的,反映了夏季降水量的主周期及相应的 2016 年所处的降水阶段与年降水量的主周期及相应的 2016 年所处的降水阶段吻合度最高,这说明夏季降水量对年降水量的变化起主导作用。另外,春季降水量的第二、三、四主周期分别与年降水量的第一、二、四主周期一致,春季降水量与年降水量的上述主周期对应的 2016 年所处的降水阶段也是基本一致的,反映了春季降水量对年降水量的影响较明显。秋、冬两季降水量对年降水量的影响相对较弱。总体来看,不论是年降水量还是四季降水量目前均处于偏多阶段并将持续较长时间,其中,年降水量和春、夏、秋季的降水量处于偏多阶段的高位即将进入下降的通道,而冬季的降水量则处于偏多阶段并有进一步上升的趋势。

表 2-1　无为县年降水量和四季降水量的主周期与相应的 2016 年所处的降水阶段

降水量的时间分类	主周期与相应的 2016 年所处的降水阶段								
	第一主周期	降水阶段	第二主周期	降水阶段	第三主周期	降水阶段	第四主周期	降水阶段	第五主周期	降水阶段
年降水量	22	偏多阶段的高位	10	偏多阶段的高位	13	偏多阶段的高位	6	波动不明显	3	波动微弱
春季降水量	28	偏多阶段	22	偏多阶段	10	偏多阶段	6	偏少阶段的低位	无	无
夏季降水量	10	偏多阶段的高位	13	偏多阶段的高位	23	偏多阶段的高位,但上升趋势变缓	6	波动不明显	4	波动微弱
秋季降水量	17	偏多阶段的高位	9	偏多阶段的高位	5	偏少阶段的低位	无	无	无	无
冬季降水量	22	偏多阶段,并有继续上升的趋势	7	偏少阶段的低位	4	偏多阶段,并有继续上升的趋势	无	无	无	无

第三章　无为县降水量年内
变化规律和特点

第一节　年降水量的年内变化规律和特点

无为县 1957~2016 年上、下半年平均降水量占年平均降水量的百分数如图 3-1 所示。上半年平均降水量 644.3 mm，占年平均降水量的 53.7%。下半年平均降水量 555.6 mm，占年平均降水量的 46.3%，上半年降水量多于下半年降水量。

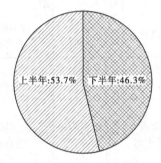

1957~2016 年的四季平均降水量占年平均降水量的百分数如图 3-2 所示。春季（3 月、4 月、5 月）平均降水量 343.6 mm，占年平均降水量的 28.6%；夏季（6 月、7 月、8 月）平均降

图 3-1　无为县上、下半年平均降水量占年平均降水量的百分数

水量 508.4 mm，占年平均降水量的 42.4%；秋季（9 月、10 月、11 月）平均降水量 203.7 mm，占年平均降水量的 17.0%；冬季（12 月、1 月、2 月）平均降水量 144.2 mm，占年平均降水量的 12.0%。以上数据表明无为县降水四季分布极不均匀，降水主要集中在春季和夏季，两季平均降水量占年平均降水量的 71.0%，其中又以夏季降水最为集中，几乎占年平均降水量的一半，达到 42.4%，秋、冬两季降水量相对较少，冬季降水量是四个季节中降水量最少的季节。无为县属于长江流域，主汛期为 6~8 月，显然汛水主要由夏季降水形成的，因此研究无为县夏季降水规律及特征，对做好防洪抢险工作具有较好的促进作用。

无为县 1957~2016 年各月平均降水量如图 3-3 所示。由此可以看

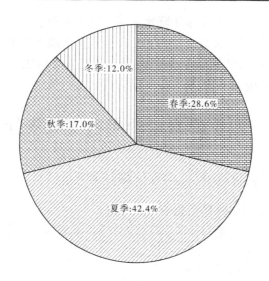

图3-2　无为县四季平均降水量占年平均降水量的百分数

出,无为县夏季的6月和7月降水相对集中,占年平均降水量的31.5%,最大月平均降水量是6月,为189.9 mm。冬季的1月和12月降水相对较少,占年平均降水量的6.6%,最小月平均降水量是12月,为33.4 mm,最大月平均降水量是最小月平均降水量的近5.7倍。显而易见,无为县年内降水分布差异较大,易发生旱涝灾害。

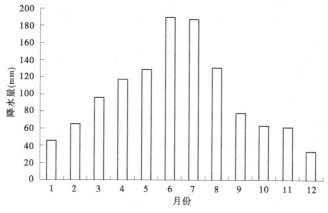

图3-3　各月平均降水量

综上所述,无为县上半年降水量多于下半年降水量,降水主要集中在春季和夏季,其中又以夏季的 6 月和 7 月降水最为集中,而秋季和冬季降水相对较少,特别是冬季的 12 月和 1 月降水则更少,反映无为县年内降水分布极为不均,易发生旱涝灾害。

第二节　四季降水量的年内变化规律和特点

一、春季降水量的年内变化规律和特点

(一)春季月降水量变化规律及特点

由图 3-4 可知,无为县春季降水从冬季降水较少的状态快速回升,并且延续冬季降水逐渐增加的趋势,从 3 月到 5 月逐渐增加,除 3 月的平均降水量略小于全年月平均降水量的均值 100 mm 外,4 月和 5 月的平均降水量均高于全年月平均降水量的均值。春季最大月平均降水量是 5 月,为 129.3 mm,最小月平均降水量是 3 月,为 96.3

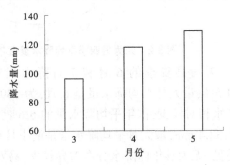

图 3-4　春季月平均降水量

mm,春季最大月平均降水量是最小月平均降水量的近 1.4 倍。

(二)春季旬降水量变化规律及特点

无为县 1957~2016 年春季旬平均降水量如图 3-5 所示。春季旬平均降水量从 3 月上旬开始增加,到 5 月上旬达到峰值后逐渐减少,4 月下旬、5 月上旬和中旬平均降水量相对较大,占春季平均降水量的41.3%。

(三)春季候降水量变化规律及特点

无为县 1957~2016 年春季候(5 d)平均降水量如图 3-6 所示,可以看出,春季候平均降水量大致经过两次波动,第一次是从 3 月第 1 候开始增加,到 3 月第 5 候达到峰值后逐渐减少;第二次是从 4 月第 4 候开

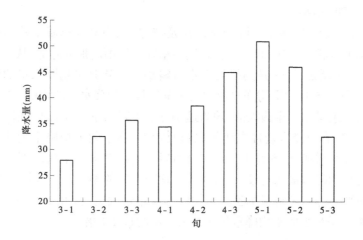

3-1:3月上旬;3-2:3月中旬;3-3:3月下旬;余者类推

图3-5　春季旬平均降水量

始增加,到5月第1候达到峰值后逐渐减少。春季最大候平均降水量
在5月第1候,占春季平均降水量的9%,春季最小候平均降水量在3
月第2候,春季最大候平均降水量是最小候平均降水量的近2.2倍。

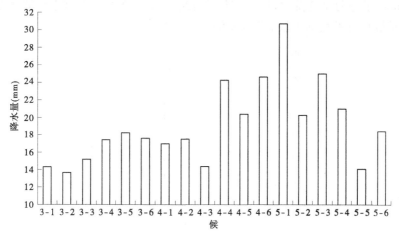

3-1:3月第1候;3-2:3月第2候;3-3:3月第3候;3-4:3月第4候;
3-5:3月第5候;3-6:3月第6候;余者类推

图3-6　春季候平均降水量

(四)小结

(1)春季降水量月际变化规律及特点:无为县春季降水从冬季降水偏少的状态快速回升,并且延续冬季降水逐渐增加的趋势,从 3 月到 5 月逐渐增加,除 3 月的平均降水量略小于全年月平均降水量的均值外,4 月和 5 月的平均降水量均高于全年月平均降水量的均值。5 月的平均降水量是春季最大的,约为最小月平均降水量 3 月的 1.4 倍。

(2)春季降水量月内变化规律及特点:春季旬平均降水量从 3 月上旬开始增加,到 5 月上旬达到峰值后逐渐减少,4 月下旬、5 月上旬和中旬平均降水量相对较大,占春季平均降水量的 41.3%。其中 5 月第 1 候的平均降水量是春季各候平均降水量中最大的,占春季平均降水量的 9%,是最小候平均降水量 3 月第 2 候的近 2.2 倍。

二、夏季降水量的年内变化规律和特点

(一)夏季月降水量变化规律及特点

由图 3-7 可知,无为县夏季(主汛期)降水主要集中在 6 月和 7 月,占夏季平均降水量的 74.3%。夏季最大月平均降水量是 6 月,为 189.9 mm,最小月平均降水量是 8 月,为 130.8 mm,夏季最大月平均降水量是最小月平均降水量的近 1.5 倍。

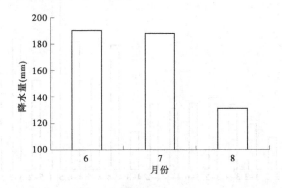

图 3-7　夏季月平均降水量

（二）夏季旬降水量变化规律及特点

无为县 1957~2016 年夏季旬平均降水量如图 3-8 所示。夏季旬平均降水量从 6 月上旬开始增加，到 6 月下旬达到峰值后逐渐减少，6 月下旬和 7 月上旬平均降水量相对较大，占主汛期平均降水量的 34.5%。

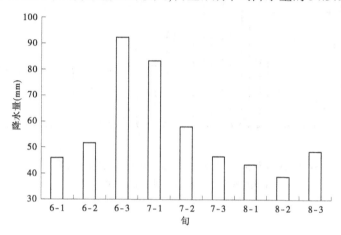

6-1：6 月上旬；6-2：6 月中旬；6-3：6 月下旬；余者类推

图 3-8　夏季旬平均降水量

（三）夏季候降水量变化规律及特点

无为县 1957~2016 年夏季候（5 d）平均降水量如图 3-9 所示，可以看出，夏季候平均降水量从 6 月第 1 候开始增加，到 6 月第 6 候达到峰值后逐渐减少，6 月第 6 候和 7 月第 1 候平均降水量相对较大，占夏季平均降水量的 20.3%。

（四）夏季日降水量变化规律及特点

无为县 1957~2016 年夏季日平均降水量如图 3-10、图 3-11、图 3-12 所示，夏季 6 月日平均降水量呈逐渐增加的趋势，6 月 29 日达到峰值；7 月日平均降水量在 7 月 4 日达到峰值后，呈逐渐减少的趋势；8 月日平均降水量比 6 月和 7 月要少，并且日平均降水量变化不大，降水相对较均匀。

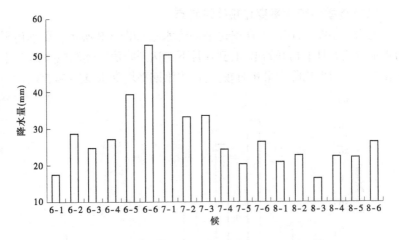

6-1:6月第1候;6-2:6月第2候;6-3:6月第3候;6-4:6月第4候;

6-5:6月第5候;6-6:6月第6候;余者类推

图 3-9 夏季候平均降水量

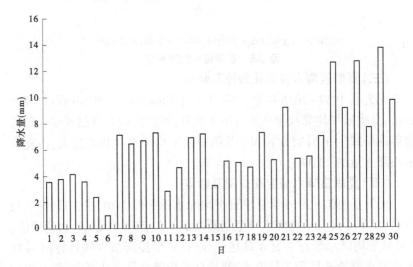

图 3-10 6 月日平均降水量

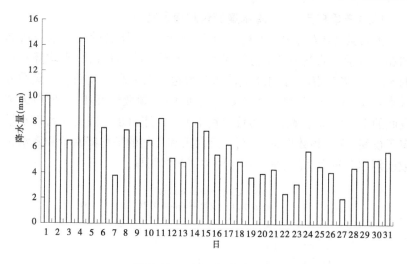

图 3-11　7 月日平均降水量

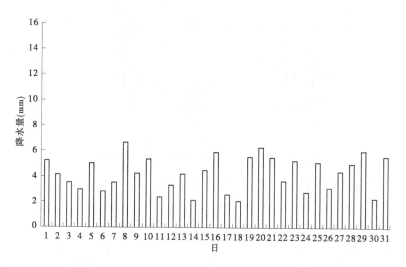

图 3-12　8 月日平均降水量

(五)夏季白天、夜间降水量变化规律及特点

无为县 1957~2016 年夏季白天、夜间平均降水量及降水频数如图 3-13 所示。从整个夏季总体来看,白天平均降水量占日平均降水量的 55.1%,多于夜间的 44.9%,降水频数也是白天高于夜间。从夏季分月来看,6 月白天平均降水量多于夜间,降水频数恰好相反,但白天和夜间的平均降水量和降水频数差别不大。7 月和 8 月白天平均降水量多于夜间,降水频数也是如此,并且白天和夜间的平均降水量和降水频数差别相对较大,尤其是 8 月这种差别非常明显。

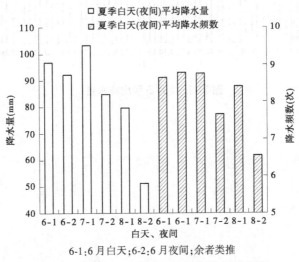

6-1:6 月白天;6-2:6 月夜间;余者类推

图 3-13　夏季白天、夜间平均降水量、降水频数

(六)夏季小时降水量变化规律及特点

无为县 2007~2016 年夏季小时平均降水量、小时平均降水频数如图 3-14~图 3-19 所示,可以看出,自 6 月至 8 月,小时平均降水量、小时平均降水频数的集中度从上午向下午、夜间推移。6 月的小时平均降水量、小时平均降水频数的集中度主要在 6 时、7 时,如图 3-14、图 3-15 所示;7 月小时平均降水量、小时平均降水频数的集中度在 5 时、6 时和 15 时、16 时、17 时、18 时,如图 3-16、图 3-17 所示;8 月小时平均降水量、小时平均降水频数的集中度在 17 时、18 时、20 时、21 时,如图 3-18、图 3-19 所示。

从小时平均降水量来看,7月最多,6月次之,8月最少,而小时平均降水频数,则是6月最大,7月次之,8月最小,因此7月的小时降水强度在夏季的三个月中是最大的。分析无为县1957~2016年降水资料可知,夏季最大月平均降水量是6月,而近10年(2007~2016年)资料却反映,7月的平均降水量和小时降水强度在夏季的三个月中是最大的,由此可知,无为县夏季(主汛期)降水集中度从6月向7月推移。

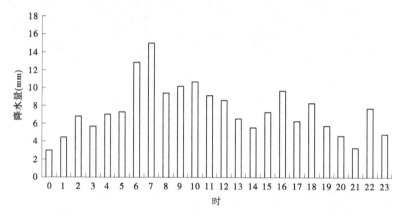

0:00:00~01:00;1:01:00~02:00;余者类推

图3-14 6月小时平均降水量

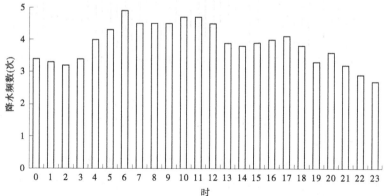

0:00:00~01:00;1:01:00~02:00;余者类推

图3-15 6月小时平均降水频数

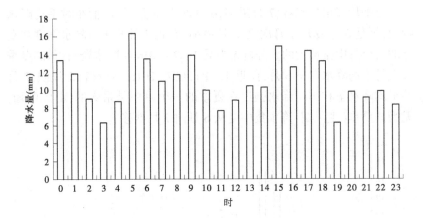

0:00:00~01:00;1:01:00~02:00;余者类推

图 3-16　7 月小时平均降水量

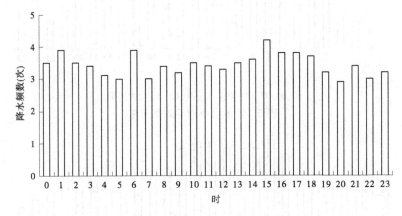

0:00:00~01:00;1:01:00~02:00;余者类推

图 3-17　7 月小时平均降水频数

(七)小结

(1)夏季降水量月际变化规律及特点:无为县夏季降水主要集中在 6 月和 7 月,占夏季平均降水量的 74.3%;夏季最大月平均降水量在 6 月,其月平均降水量是最小月平均降水量 8 月的近 1.5 倍。

(2)夏季降水量月内变化规律及特点:夏季日平均降水量从 6 月 1

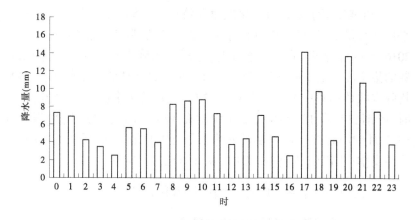

0:00:00~01:00;1:01:00~02:00;余者类推

图 3-18 8 月小时平均降水量

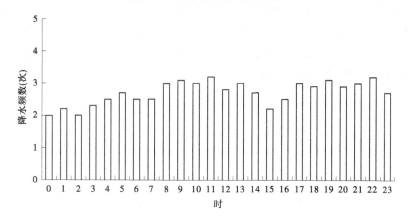

0:00:00~01:00;1:01:00~02:00;余者类推

图 3-19 8 月小时平均降水频数

日起逐渐增加,至 7 月 4 日达到峰值后逐渐减少,8 月的日平均降水量比 6 月和 7 月要少,且相对较均匀。其中,6 月下旬和 7 月上旬平均降水量相对较大,占夏季平均降水量的 34.5%。特别是 6 月的第 6 候和 7 月的第 1 候平均降水量相对较大,占夏季平均降水量的 20.3%。

（3）夏季降水量日内变化规律及特点:夏季6月、7月和8月白天平均降水量多于夜间,其中8月这种差别非常明显。近10年(2007~2016年)资料表明,自6月至8月,小时平均降水量、小时平均降水频数的集中度从上午向下午、夜间推移。6月的小时平均降水量、小时平均降水频数的集中度主要在6时、7时;7月的集中度在5时、6时、15时、16时、17时、18时;8月的集中度在17时、18时、20时、21时。其中,7月的小时降水强度在夏季的三个月中是最大的,反映近10年无为县夏季(主汛期)降水的集中度从6月向7月推移。

三、秋季降水量的年内变化规律和特点

(一)秋季月降水量变化规律及特点

由图3-20可知,无为县秋季降水从夏季降水较多的状态快速回落,从9月到11月逐渐减少,9~11月的平均降水量均小于全年月平均降水量的均值100 mm。秋季最大月平均降水量是9月,为78.4 mm,最小月平均降水量是11月,为61.7 mm,秋季最大月平均降水量是最小月平均降水量的近1.3倍。

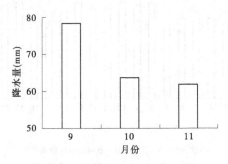

图3-20　秋季月平均降水量

(二)秋季旬降水量变化规律及特点

无为县1957~2016年秋季旬平均降水量如图3-21所示。秋季旬平均降水量从9月上旬的峰值开始呈波动式减少,至11月中旬平均降水量达到最小,秋季最大旬平均降水量(9月上旬)是最小旬平均降水量(11月中旬)的近2倍。

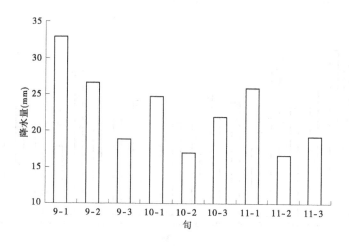

9-1:9月上旬;9-2:9月中旬;9-3:9月下旬;余者类推

图 3-21　秋季旬平均降水量

(三)秋季候降水量变化规律及特点

无为县 1957~2016 年秋季候(5 d)平均降水量如图 3-22 所示,可以看出,秋季候平均降水量从 9 月第 1 候的峰值开始呈波动式减少。秋季最大候平均降水量在 9 月第 1 候,秋季最小候平均降水量在 9 月第 5 候,秋季最大候平均降水量是最小候平均降水量的近 2.5 倍。

(四)小结

(1)秋季降水量月际变化规律及特点:无为县秋季降水从夏季降水较多的状态快速回落,从 9 月到 11 月逐渐减少,秋季各月的平均降水量均小于全年月平均降水量的均值。秋季最大月平均降水量(9 月)是最小月平均降水量(11 月)的近 1.3 倍。

(2)秋季降水量月内变化规律及特点:秋季旬、候平均降水量均从 9 月初的峰值开始呈波动式减少。秋季最大旬平均降水量在 9 月上旬,是最小旬平均降水量(11 月中旬)的近 2 倍。秋季最大候平均降水量在 9 月第 1 候,是秋季最小候平均降水量(9 月第 5 候)的近 2.5 倍。

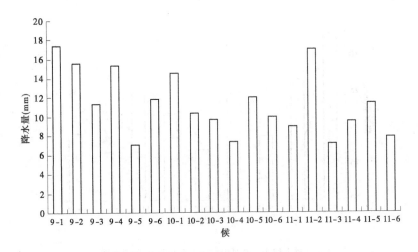

9-1:9月第1候;9-2:9月第2候;9-3:9月第3候;9-4:9月第4候;
9-5:9月第5候;9-6:9月第6候;余者类推

图3-22　秋季候平均降水量

四、冬季降水量的年内变化规律和特点

(一)冬季月降水量变化规律及特点

由图3-23可知,无为县冬季降水在延续秋季降水逐渐减少的趋势下,到冬季12月大幅减少至全年最低,仅为33.4 mm,然后逐渐增加,至次年2月达66.4 mm,但冬季各月平均降水量均远低于全年月平均降水量的均值100 mm。冬季最大月平均降水量(2月)是最小月平均降水量(12月)的近2倍。

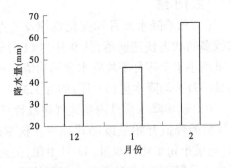

图3-23　冬季月平均降水量

（二）冬季旬降水量变化规律及特点

无为县 1957～2015 年冬季旬平均降水量如图 3-24 所示。冬季旬平均降水量从 12 月上旬的最低点开始呈波动式增加，至 2 月中旬平均降水量达到最大，冬季最大旬平均降水量是最小旬平均降水量的近3 倍。

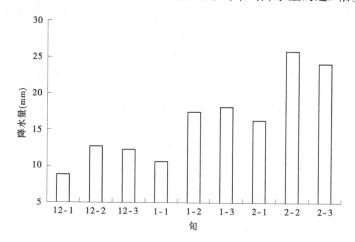

12-1:12 月上旬;12-2:12 月中旬;12-3:12 月下旬;余者类推

图 3-24　冬季旬平均降水量

（三）冬季候降水量变化规律及特点

无为县 1957～2015 年冬季候（5 d）平均降水量如图 3-25 所示,可以看出,冬季候平均降水量从 12 月第 1 候的最低点开始呈波动式增加,至 2 月第 5 候平均降水量达到最大。冬季最大候平均降水量是最小候平均降水量的近 4 倍。

（四）小结

（1）冬季降水量月际变化规律及特点:无为县冬季降水在延续秋季降水逐渐减少的趋势下,到冬季 12 月份大幅减少至全年最低,然后逐渐增加,至次年 2 月达最大,但冬季各月平均降水量均远低于全年月平均降水量的均值。冬季最大月平均降水量（2 月）是最小月平均降水量（12 月）的近 2 倍。

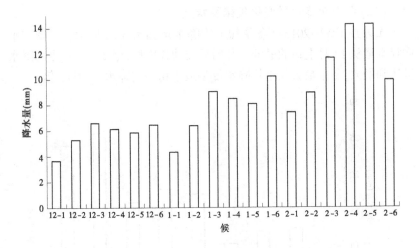

12-1:12 月第 1 候;12-2:12 月第 2 候;12-3:12 月第 3 候;12-4:12 月第 4 候;
12-5:12 月第 5 候;12-6:12 月第 6 候;余者类推

图 3-25　冬季候平均降水量

(2)冬季降水量月内变化规律及特点:冬季旬、候平均降水量均从 12 月初的最低点开始呈波动式增加。冬季最大旬平均降水量(2 月中旬)是最小旬平均降水量(12 月上旬)的近 3 倍。冬季最大候平均降水量(2 月第 5 候)是冬季最小候平均降水量(12 月第 1 候)的近 4 倍。

第四章　无为县降水量变化
趋势及突变分析

第一节　降水量变化趋势及突变
分析的基本原理

一、线性倾向估计

用 x_i 表示样本总数为 n 的某一实测变量,用 t_i 表示 x_i 所对应的时间,建立 x_i 和 t_i 之间的一元线性回归方程:

$$\hat{x}_i = a + bt_i \qquad (i = 1,2,\cdots,n) \qquad (4\text{-}1)$$

式中:a 为回归常数 ;b 为回归系数。

b 值的正负代表变量 x 的趋势倾向,当 $b > 0$ 时,说明 x 随时间 t 的增加呈上升趋势;当 $b < 0$ 时,说明 x 随时间 t 的增加呈下降趋势。b 值的大小反映了上升或下降的速率,即表示上升或下降的倾向程度,因此通常将 b 称为倾向值。

对观测数据 x_i 及相应的时间 t_i,回归系数 b 和常数 a 的最小二乘估计为:

$$\left. \begin{array}{l} b = \dfrac{\displaystyle\sum_{i=1}^{n} t_i x_i - \dfrac{1}{n}\left(\displaystyle\sum_{i=1}^{n} t_i\right)\left(\displaystyle\sum_{i=1}^{n} x_i\right)}{\displaystyle\sum_{i=1}^{n} t_i^2 - \dfrac{1}{n}\left(\displaystyle\sum_{i=1}^{n} t_i\right)^2} \\[20pt] a = \dfrac{1}{n}\displaystyle\sum_{i=1}^{n} x_i - b\,\dfrac{1}{n}\displaystyle\sum_{i=1}^{n} t_i \end{array} \right\} \qquad (4\text{-}2)$$

利用回归系数 b 与相关系数之间的关系,求出时间 t 与变量 x 之间的相关系数:

$$r = \frac{\sum\limits_{i=1}^{n} t_i x_i - \dfrac{1}{n} \left(\sum\limits_{i=1}^{n} t_i \right) \left(\sum\limits_{i=1}^{n} x_i \right)}{\sqrt{\left[\sum\limits_{i=1}^{n} t_i^{2} - \dfrac{1}{n} \left(\sum\limits_{i=1}^{n} t_i \right)^2 \right] \left[\sum\limits_{i=1}^{n} x_i^{2} - \dfrac{1}{n} \left(\sum\limits_{i=1}^{n} x_i \right)^2 \right]}} \tag{4-3}$$

相关系数 r 表示变量 x 与时间 t 之间线性相关的密切程度,要判断变化趋势的程度是否显著,就要对相关系数进行显著性检验。确定显著性水平 α,若 $|r| \geq r_\alpha$,表明 x 随时间 t 的变化趋势是显著的,否则就不显著。

二、累积距平

累积距平是一种常用的、由曲线直观判断变化趋势的方法。对于序列 x,其某一时刻 t 的累积距平表示为:

$$\hat{x}_i = \sum_{i=1}^{t} \left(x_i - \frac{1}{n} \sum_{i=1}^{n} x_i \right) \qquad (t = 1, 2, \cdots, n) \tag{4-4}$$

将 n 个时刻的累积距平值全部算出,即可绘出累积距平曲线进行趋势分析。累积距平曲线呈上升趋势,表示距平值增加,反之减小。从曲线明显的上下起伏,可以判断其长期显著的演变趋势及持续性变化,甚至还可以诊断出发生突变的大致时间。从曲线小的波动变化可以考察其短期距平值的变化。

三、Man-Kendall(M-K)突变检测

构造一秩序列:

$$S_k = \sum_{i=1}^{k} r_i \qquad (k = 2, 3, 4, \cdots, n) \tag{4-5}$$

其中,$r_i = \begin{cases} 1, & X_i > X_j \\ 0, & X_i \leq X_j \end{cases} \quad (j = 1, 2, \cdots, i)$

可见,秩序列 S_k 是第 i 时刻数值大于第 j 时刻数值个数的累计数。在时间序列随机独立的假定下,定义统计变量:

$$UF_k = \frac{[S_k - E(S_k)]}{\sqrt{Var(S_k)}} \qquad (k = 1, 2, \cdots, n) \tag{4-6}$$

式中:$UF_1=0$;$E(S_k)$、$Var(S_k)$是累计数S_k的均值和方差,在$x_1,x_2,\cdots,x_n$相互独立,且有相同连续分布时,可由下式算出:

$$E(S_k)=\frac{n(n+1)}{4}$$

$$Var(S_k)=\frac{n(n-1)(2n+5)}{72} \tag{4-7}$$

UF_i为标准正态分布,它是按时间序列x顺序$x_1,x_2,\cdots,x_n$计算出的统计量序列,给定显著性水平α,若$|UF_i|>U_\alpha$,则表明序列存在明显的趋势变化,将时间序列x按逆序排列,再按照上式计算,同时使:

$$\begin{cases} UB_k=-UF_k \\ k=n+1-k \quad (k=1,2,\cdots,n) \\ UB_1=0 \end{cases} \tag{4-8}$$

分析绘出的UF_k和UB_k曲线图,可以明确序列x的趋势变化和突变的时间,指出突变的区域。若UF_k值大于0,则表明序列呈上升趋势;小于0则表明呈下降趋势;当它们超过临界直线时,表明上升或下降趋势显著。如果UF_k和UB_k这两条曲线出现交点,且交点在临界直线之间,那么交点对应的时间就是突变开始的时间。

四、相关分析

相关分析是研究处于同等地位的随机变量间的相关关系的统计分析方法,用于描述变量间相互关系的密切程度。两个变量之间的相关程度可通过 Pearson 相关系数r来表示,r的值在-1和1之间。当$r>0$时,表示两变量呈正相关;$r<0$为负相关。$|r|$越接近1,两变量的关联程度越强;$|r|$越接近0,两变量的关联程度越弱。在$\alpha=0.05$和$\alpha=0.01$的显著性水平下,若$|r|>r_\alpha$,或P值小于0.05,认为有显著性意义。

第二节　无为县年降水量变化趋势及突变分析

由图4-1可知,无为县近60年的年降水量呈上升趋势,降水量变化倾向率为23.917 mm/10 a,但未通过0.05水平的显著性检验($|r|=$

$0.152\ 97 < r_{0.05} = 0.254\ 20$），上升趋势不显著。

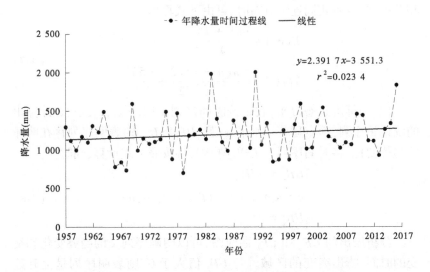

图 4-1　1957～2016 年无为县年降水量线性变化趋势

　　从图 4-2 可以看出，无为县年降水量在 1957～1961 年呈下降趋势，在 1962～1964 年呈上升趋势，在 1965～1982 年呈波动式快速下降趋势，在 1983～1993 年呈波动式上升趋势，在 1994～1997 年呈波动式下降趋势，此后呈震荡缓慢上升趋势。突变主要出现在 1961 年、1964年、1982 年、1993 年。

　　由图 4-3 可知，UF 曲线在 1957～1961 年范围内小于 0，反映年降水量呈下降趋势；在 1962～1966 年范围内大于 0，反映年降水量呈上升趋势；在 1967～1980 年范围内小于 0，反映年降水量呈下降趋势；1981 年后，除 1997 年略小于 0，其余年份均大于 0，反映年降水量自 1981 年后总体呈上升趋势。由于 UF 曲线没有超过 α = 0.05 水平的上下限（±1.96），因此年降水量的上升、下降趋势不显著。年降水量的 UF 和 UB 在临界值±1.96 之间有多个交点，但由于 UF 曲线始终没有超过 α = 0.05 水平的上下限（±1.96），说明年降水量时间序列没有明显的突变点。

　　平均降水强度可定义为一段时间内降水量除以降水日数。日降水量大于或等于 0.1 mm 才计入降水日数。无为县近 60 年的年平均降水

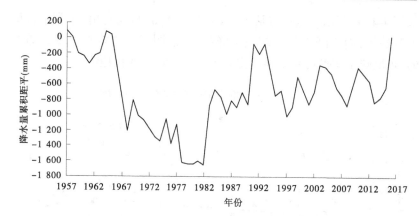

图 4-2　1957~2016 年无为县年降水量累积距平曲线

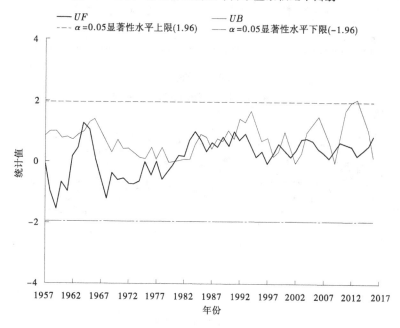

图 4-3　1957~2016 年无为县年降水量 M-K 检验法统计量曲线

强度呈上升趋势,平均降水强度变化倾向率为 0.293 mm/(d·10 a),
但未通过 0.05 水平的显著性检验($|r|$ = 0.253 77 < $r_{0.05}$ = 0.254 20),

如图4-4(a)所示。这一点从图4-1和图4-4(b)也能看出,年降水量呈上升趋势,而年降水日数却呈下降趋势,说明年平均降水强度是递增的,也反映了年平均降水强度主导了年降水量的变化趋势。

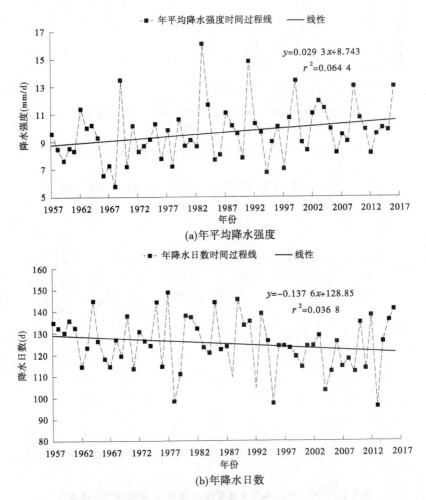

图 4-4　1957~2016年无为县年平均降水强度、年降水日数线性变化趋势

综上所述,无为县近60年的年降水量总体按23.917 mm/10 a的速率呈上升趋势。具体来看,年降水量在1957~1961年呈下降趋势,在

1962～1964 年呈上升趋势,在 1965～1982 年呈波动式快速下降趋势,在 1983～1993 年呈波动式上升趋势,在 1984～1997 年呈波动式下降趋势,此后呈震荡缓慢上升趋势。由于 UF 曲线没有超过 α = 0.05 水平的上下限(±1.96),因此年降水量的上升、下降趋势不显著。并且,年降水量在 α = 0.05 的显著水平下没有发生突变。无为县近 60 年的年平均降水强度按 0.293 mm/(d · 10 a)的速率呈上升趋势,年平均降水强度的上升主导了年降水量的上升趋势。

第三节　无为县四季降水量变化趋势及突变分析

一、春季降水量变化趋势及突变分析

由图 4-5 可知,无为县近 60 年的春季降水量呈下降趋势,降水量变化倾向率为−13.223 mm/10 a,未通过 0.05 水平的显著性检验($|r|$ = 0.231 73 < $r_{0.05}$ = 0.254 20),说明春季降水量在 0.05 水平下下降趋势不显著。

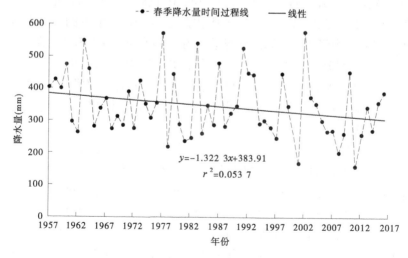

图 4-5　1957～2016 年无为县春季降水量线性变化趋势

从图 4-6 可以看出,无为县春季降水量在 1957～1993 年呈波动式上升趋势,在 1994～2016 年呈波动式快速下降趋势。突变主要出现在 1993 年。

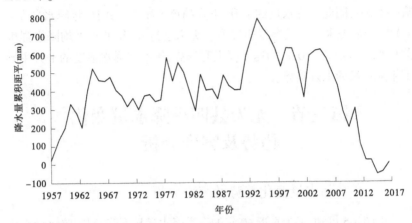

图 4-6　1957～2016 年无为县春季降水量累积距平曲线

由图 4-7 可知,UF 曲线在 1958 年、1960 年、1964 年大于 0,反映春季降水量呈上升趋势;其余年份均小于 0,反映春季降水量呈下降趋势。UF 曲线在 2012～2015 年范围内超过 $\alpha = 0.05$ 水平的下限(-1.96),表明春季降水量下降趋势显著。春季降水量的 UF 和 UB 在临界值 ±1.96 之间分别在 1962 年、1968 年、1973 年、1976 年、1978 年、1979 年、1983 年、1984 年、1988 年、1993 年附近有多个交点,说明在 $\alpha = 0.05$ 水平下,春季降水发生了突变,再结合图 4-6 来分析判断,可能的突变点是 1993 年。

春季平均降水强度呈上升趋势,平均降水强度变化倾向率为 0.109 mm/(d·10 a),但未通过 0.05 水平的显著性检验($|r| = 0.092\ 74 < r_{0.05} = 0.254\ 20$),如图 4-8(a) 所示。春季降水日数变化倾向率为 -1.774 d/10 a,通过 0.01 水平的显著性检验($|r| = 0.431\ 28 > r_{0.01} = 0.332\ 84$),如图 4-8(b) 所示。由此可知,春季的降水量呈下降趋势,降水日数也呈下降趋势,而平均降水强度却呈上升趋势,反映了春季降水日数的下降主导了降水量的下降趋势。

图 4-7　1957~2016 年无为县春季降水量 M-K 检验法统计量曲线

二、夏季降水量变化趋势及突变分析

由图 4-9 可知,无为县近 60 年的夏季降水量呈上升趋势,降水量变化倾向率为 28.498 mm/10 a,未通过 0.05 水平的显著性检验($|r| = 0.243\ 31 < r_{0.05} = 0.254\ 20$),说明夏季降水量在 0.05 水平下上升趋势不显著。

从图 4-10 可以看出,无为县夏季降水量在 1957~1979 年呈波动式下降趋势,在 1980~2016 年呈波动式上升趋势,上升趋势至今未减。突变主要出现在 1979 年。

由图 4-11 可知,UF 曲线在 1958~1960 年、1967~1974 年、1976 年、1978 年、1979 年小于 0,反映夏季降水量呈下降趋势;其余年份均大于 0,反映夏季降水量呈上升趋势。UF 曲线在 2016 年超过 $\alpha = 0.05$

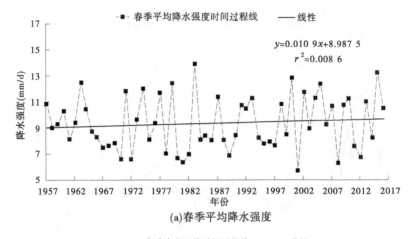

(a)春季平均降水强度

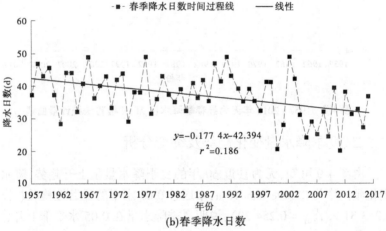

(b)春季降水日数

图4-8　1957~2016年无为县春季平均降水强度、降水日数线性变化趋势

水平的上限(1.96),表明夏季降水量上升趋势显著。在临界值±1.96之间夏季降水量的 UF 和 UB 在 1979 年、1990 年、1993 年、1995 年、2004 年、2006 年附近有多个交点,说明在 $\alpha=0.05$ 水平下,夏季降水发生了突变,再结合图 4-10 来分析判断,可能的突变点是 1979 年。

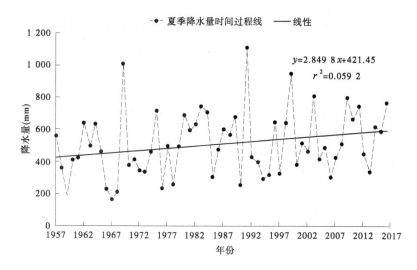

图 4-9　1957~2016 年无为县夏季降水量线性变化趋势

图 4-10　1957~2016 年无为县夏季降水量累积距平曲线

夏季平均降水强度呈上升趋势,平均降水强度变化倾向率为 0.469 mm/(d·10 a),但未通过 0.05 水平的显著性检验($|r| = 0.16 < r_{0.05} = 0.254\ 20$),如图 4-12(a)所示。夏季降水日数变化倾向率为 0.951 d/10 a,未通过 0.05 水平的显著性检验($|r| = 0.253\ 97 < r_{0.05} = 0.254\ 20$),如

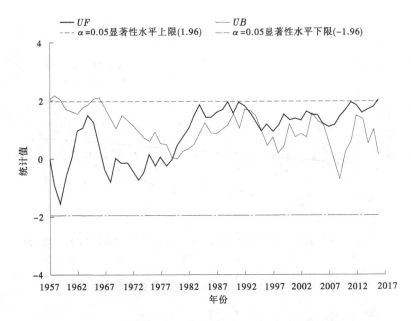

图 4-11　1957~2016 年无为县夏季降水量 M-K 检验法统计量曲线

图 4-12(b)所示。由此可知,夏季的降水量呈上升趋势,降水日数和平均降水强度也呈上升趋势,反映了夏季的降水日数和平均降水强度的上升共同主导了降水量的上升趋势。

三、秋季降水量变化趋势及突变分析

由图 4-13 可知,无为县近 60 年的秋季降水量呈下降趋势,降水量变化倾向率为 -2.023 mm/10 a,但未通过 0.05 水平的显著性检验($|r| = 0.037\,42 < r_{0.05} = 0.254\,20$),说明秋季降水量下降趋势不显著。

从图 4-14 可以看出,无为县秋季降水量在 1957~1980 年呈震荡缓慢下降趋势,在 1981~1985 年呈快速上升趋势,在 1986~2013 年呈下降趋势,此后呈上升趋势。突变主要出现在 1985 年。

由图 4-15 可知, UF 曲线在 1958~1968 年、1972 年、1975 年、1977 年、1983~1987 年大于 0,反映秋季降水量呈上升趋势;其余年份均小于 0,反映秋季降水量呈下降趋势。 UF 曲线仅在 1962 年超过 $\alpha = 0.05$

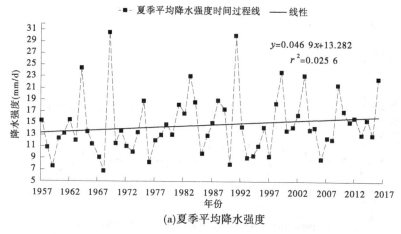

(a)夏季平均降水强度

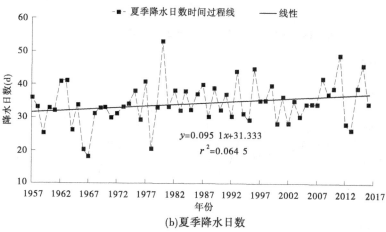

(b)夏季降水日数

图4-12 1957~2016年无为县夏季平均降水强度、降水日数线性变化趋势

水平的上限(1.96),表明秋季降水量在此期间上升趋势显著。在临界值±1.96 之间秋季降水量的 UF 和 UB 在 1966 年、1968 年、1971 年、1973 年、1975 年、1976 年、1977 年、1981 年、1982 年、1985 年附近有多个交点,说明在 $\alpha=0.05$ 水平下,秋季降水发生了突变,再结合图 4-14 来分析判断,可能的突变点是 1985 年。

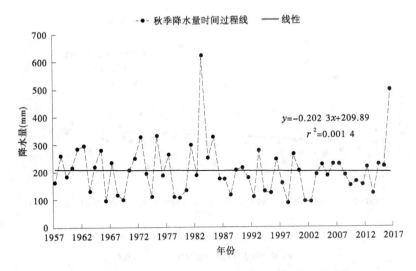

图 4-13 1957～2016 年无为县秋季降水量线性变化趋势

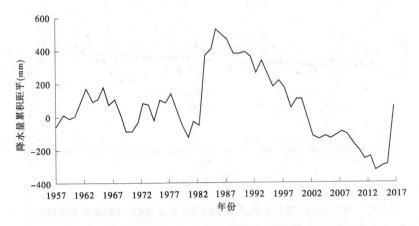

图 4-14 1957～2016 年无为县秋季降水量累积距平曲线

秋季平均降水强度呈上升趋势,平均降水强度变化倾向率为 0.15 mm/(d·10 a),但未通过 0.05 水平的显著性检验($|r|$ = 0.103 92 < $r_{0.05}$ = 0.254 20),如图 4-16(a)所示。秋季降水日数变化倾向率为 -0.81 d/10a,未通过 0.05 水平的显著性检验($|r|$ = 0.207 36 < $r_{0.05}$ =

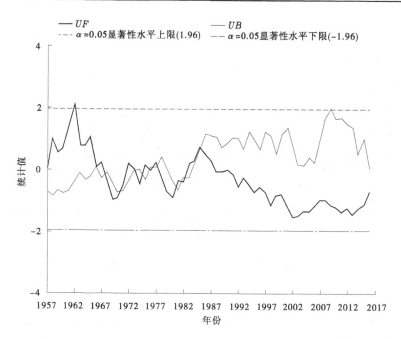

图 4-15　1957~2016 年无为县秋季降水量 M-K 检验法统计量曲线

0.254 20），如图 4-16（b）所示。由此可知，秋季的降水量呈下降趋势，降水日数也呈下降趋势，而平均降水强度却呈上升趋势，反映了秋季降水日数的下降主导了降水量的下降趋势。

四、冬季降水量变化趋势及突变分析

由图 4-17 可知，无为县近 60 年的冬季降水量呈上升趋势，降水量变化倾向率为 10.848 mm/10 a，通过了 0.01 水平的显著性检验（ $|r|$ = 0.362 08 > $r_{0.01}$ = 0.332 84），说明冬季降水量在 0.01 水平下呈显著上升趋势。

从图 4-18 可以看出，无为县冬季降水量在 1957~1987 年呈波动式下降趋势，1987 年后呈波动式上升趋势，上升趋势至今未减。突变主要出现在 1987 年。

由图 4-19 可知，UF 曲线在 1960~1963 年、1965~1968 年、1970

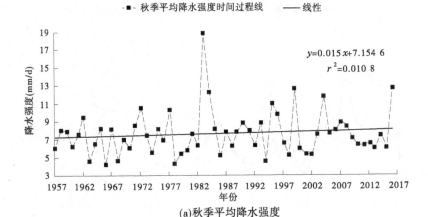

(a)秋季平均降水强度

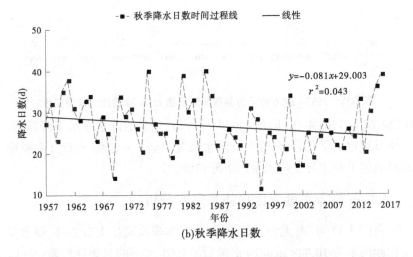

(b)秋季降水日数

图4-16　1957~2016年无为县秋季平均降水强度、降水日数线性变化趋势

年、1982年、1983年、1985年、1986年小于0,反映冬季降水量呈下降趋势;其余年份均大于0,反映冬季降水量呈上升趋势。UF曲线在2002年后一直超过$\alpha=0.05$水平的上限(1.96),甚至在2005年后一直超过$\alpha=0.01$水平的上限(2.58),表明冬季降水量上升趋势显著。在临界值±2.58之间冬季降水量的UF和UB仅在1987年附近有一个交

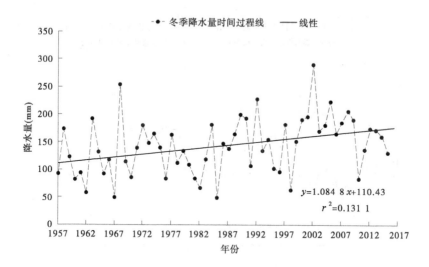

图 4-17 1957～2015 年无为县冬季降水量线性变化趋势

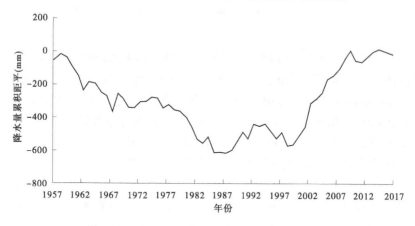

图 4-18 1957～2015 年无为县冬季降水量累积距平曲线

点,说明在 $\alpha = 0.01$ 水平下,冬季降水发生了突变,再结合图 4-18 来分析判断,可能的突变点是 1987 年。

冬季平均降水强度呈上升趋势,平均降水强度变化倾向率为 0.305 mm/(d·10 a),过了 0.05 水平的显著性检验($|r| = 0.330\ 15 > r_{0.05} =$

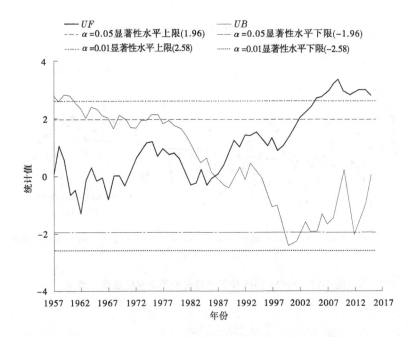

图 4-19　1957~2015 年无为县冬季降水量 M-K 检验法统计量曲线

0.254 20),如图 4-20 (a) 所示。冬季降水日数变化倾向率为 0.314 d/10 a,未通过 0.05 水平的显著性检验($|r| = 0.076\ 16 < r_{0.05} = 0.254\ 20$),如图 4-20(b)所示。由此可知,冬季的降水量呈上升趋势,降水日数和平均降水强度也呈上升趋势,反映了冬季的降水日数和平均降水强度的上升共同主导了降水量的上升趋势。

值得一提的是,对比年平均降水强度和四季平均降水强度可知,年平均降水强度以 0.293 mm/(d · 10 a)的速率递增,主要是由于夏季和冬季平均降水强度分别以 0.469 mm/(d · 10 a)和 0.305 mm/(d · 10 a)速率递增的贡献,春季和秋季的平均降水强度递增相对缓慢。

五、小结

(1)无为县近 60 年的春季降水量总体按-13.223 mm/10 a 的速率呈下降趋势。具体来看,春季降水量在 1957~1993 年呈波动式上升趋

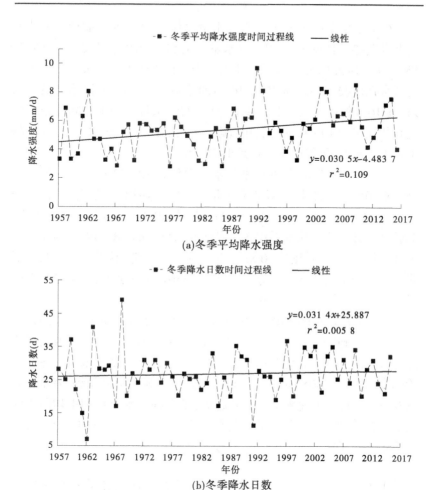

图4-20　1957~2015年无为县冬季平均降水强度、降水日数线性变化趋势

势,在1994~2016年呈波动式快速下降趋势。春季平均降水强度按
0.109 mm/(d·10 a)的速率呈上升趋势,降水日数则按-1.774 d/10 a
的速率呈显著下降趋势,春季降水日数的下降主导了降水量的下降趋
势。并且,在$\alpha=0.05$水平下,春季降水发生了突变,可能的突变点是
1993年。

（2）无为县近 60 年的夏季降水量总体按 28.498 mm/10 a 的速率呈上升趋势。具体来看，夏季降水量在 1957～1979 年呈波动式下降趋势，在 1980～2016 年呈波动式上升趋势，上升趋势至今未减。夏季平均降水强度按 0.469 mm/（d·10 a）的速率呈上升趋势，降水日数按 0.951 d/10 a 的速率也呈上升趋势，夏季的降水日数和平均降水强度的上升共同主导了降水量的上升趋势。并且，在 α=0.05 水平下，夏季降水发生了突变，可能的突变点是 1979 年。

（3）无为县近 60 年的秋季降水量总体按−2.023 mm/10 a 的速率呈下降趋势。具体来看，秋季降水量在 1957～1980 年呈震荡缓慢下降趋势，在 1981～1985 年呈快速上升趋势，在 1986～2013 年呈下降趋势，此后呈上升趋势。秋季平均降水强度按 0.15 mm/（d·10 a）的速率呈上升趋势，降水日数则按−0.81 d/10 a 呈下降趋势，秋季降水日数的下降主导了降水量的下降趋势。并且，在 α=0.05 水平下，秋季降水发生了突变，可能的突变点是 1985 年。

（4）无为县近 60 年的冬季降水量总体按 10.848 mm/10 a 的速率呈显著上升趋势。具体来看，冬季降水量在 1957～1987 年呈波动式下降趋势，在 1987 年后呈波动式上升趋势，上升趋势至今未减。冬季平均降水强度按 0.305 mm/（d·10 a）的速率呈显著上升趋势，降水日数按 0.314 d/10 a 的速率也呈上升趋势，冬季的降水日数和平均降水强度的上升共同主导了降水量的上升趋势。并且，在 α=0.01 水平下，冬季降水发生了突变，可能的突变点是 1987 年。

第四节　无为县降水量与气温的相关性分析

对年降水量和年平均气温、四季降水量和四季平均气温的相关性进行分析，结果见表 4-1。全年、春季、夏季和秋季的降水量与相应时段的平均气温存在一定的负相关关系，即平均气温升高，对应时段的降水量下降；冬季的降水量与冬季的平均气温则存在一定的正相关关系，即冬季的平均气温升高，其降水量也升高。其中春季和夏季的降水量与相应时段的平均气温的相关性是显著的，其他均不显著。

表 4-1　降水量与相应时段平均气温的相关系数

时段	全年	春季	夏季	秋季	冬季
Pearson 相关系数	−0.098	−0.297*	−0.41**	−0.014	0.253

注: * 表示通过 0.05 显著性检验, * * 表示通过 0.01 显著性检验。

　　由第二章分析可知,无为县降水四季分布极不均匀,降水主要集中在春季和夏季,春季累计降水量占全年累计降水量的 28.6%,夏季累计降水量占全年累计降水量的 42.4%,两季累计降水量占全年累计降水量的 71.0%,而春季和夏季降水量对相应时段的平均气温呈显著的负相关,因此春季和夏季降水量对相应时段的平均气温的相关性,主导了年降水量对年平均气温的相关性。另外,在全球气候变化的大背景下,气温变化势必会影响无为县的降水量,特别是对春季和夏季的降水量将产生显著影响,进而影响无为县的区域防洪和抗旱工作。

第五章　无为县降水量的时间序列分析预测

第一节　时间序列分析的原理

降水是随时间变化的,对其观测形成一组有序的数据,称为时间序列,从"时域"角度对降水进行分析,称为时间序列分析。其基本思想是降水在随时间变化过程中任一时刻的变化和前期降水变化有关,利用这种关系建立适当的模型来描述它们变化的规律性,然后利用所建立的模型做出降水未来时刻的预报值估计。

一、时间序列平稳性的检验

时间序列模型都是建立在序列平稳的条件上的,一个平稳的随机过程具有如下特点:

第一,数学期望和方程不随时间变化,即

$$\begin{cases} \mu = E(X_t) \\ \sigma^2 = E(X_t - \mu)^2 \end{cases} \tag{5-1}$$

第二,在不同时刻之间的相关函数只是这两个时刻之间的函数,与时间起点无关,即

$$\begin{cases} \rho_{t_1, t_2} = \rho_\tau \\ \rho_\tau = \rho_{-\tau} \end{cases} \tag{5-2}$$

式中:$\tau = t_2 - t_1$。

但大多数的时间序列都不平稳,因此在分析时首先要识别序列的平稳性,并把非平稳的序列转化为平稳序列。

检验一个时间序列是否平稳可以根据序列数据绘出的序列图和自

相关图对平稳性进行判别。

当然对降水序列除了要进行平稳性检验,还要进行纯随机性检验,以判断序列前后有没有相关性,是否存在有价值的信息。

二、平稳时间序列模型

（一）自回归模型 AR(p)

$$X_t = \varphi_1 X_{t-1} + \varphi_2 X_{t-2} + \cdots + \varphi_p X_{t-p} + a_t \tag{5-3}$$

式中:p 为模型的自回归阶数;X_t 为平稳、正态、零均值的时间序列;φ 为不为零的模型系数,表示时间序列中要素前后时刻间相关性大小;a_t 为白噪声序列。

（二）移动平均模型 MA(q)

$$X_t = a_t - \theta_1 a_{t-1} - \theta_2 a_{t-2} - \cdots - \theta_q a_{t-q} \tag{5-4}$$

式中:q 为模型的移动平均阶数;X_t 为平稳、正态、零均值的时间序列;θ 为不为零的模型系数,表示时间序列中要素与前期时刻白噪声间相关性大小;a_t 为白噪声序列。

（三）自回归移动平均模型 ARMA(p,q)

$$X_t = \varphi_1 X_{t-1} + \varphi_2 X_{t-2} + \cdots + \varphi_p X_{t-p} + a_t - \theta_1 a_{t-1} - \theta_2 a_{t-2} - \cdots - \theta_q a_{t-q} \tag{5-5}$$

自回归移动平均模型 ARMA(p,q)可以看成是自回归模型 AR(p)的发展,即用 p 阶自回归模型 AR(p)描述 X_t,所余下无法拟合的部分用 q 阶移动平均模型 MA(q)来描述。

三、平稳时间序列的建模方法

上述的三种平稳时间序列模型,在实际应用中到底选择哪一种模型,可以根据各种模型的自相关系数与偏自相关系数变化趋势来决定,如表5-1 所示。

截尾是指时间序列的 ACF、$PACF$ 延迟超过 k 期之后的值均为零的现象;而拖尾即并不存在延迟超出 k 期之后 ACF、$PACF$ 均为零值的现象。

表 5-1　各种模型的自相关系数与偏自相关系数变化趋势

模型	自相关系数(ACF)	偏自相关系数($PACF$)
AR(p)	拖尾	p 阶截尾
MA(q)	q 阶截尾	拖尾
ARMA(p,q)	拖尾	拖尾

必须指出,时间序列的建模是个逐渐完善的过程,研究者首先要根据自相关图和偏自相关图是拖尾还是截尾,做出大致的判断,据此尝试进行模型的初步拟合,再根据拟合的结果做出相应的修正。

四、非平稳时间序列的处理

所谓非平稳时间序列,表示其统计特征量随时间变化,降水时间序列一般是非平稳的。

通常处理非平稳时间序列可采用差分法。对非平稳序列 Z_t,令

$$X_t = \Delta^d Z_t \tag{5-6}$$

式中,Δ^d 为差分算子,当 $d=1$ 时为

$$X_t = \Delta Z_t = Z_t - Z_{t-1} \tag{5-7}$$

经过 d 阶差分处理的非平稳时间序列就可化为平稳序列 X_t。

也可把这种差分过程归并到 ARIMA(p,d,q)模型中做统一处理。

第二节　年降水量的时间序列分析预测

利用 spss23 统计软件,输入无为县 1957 ~ 2016 年年降水量资料,其序列如图 5-1 所示,显然是平稳序列。

进一步对自相关性和偏自相关性进行检验,结果如图 5-2、图 5-3 所示,可知,无为县年降水量序列接近于白噪声序列,反映无为县年降水量随机性强。

对序列进行 1 阶和 2 阶差分处理,其相关性仍然较弱,难以建模。

为了增强序列的相关性,对年降水量进行 3 年叠加,1957 ~ 1959 年的降水量叠加作为新序列的第一个值,1958 ~ 1960 年的降水量叠加

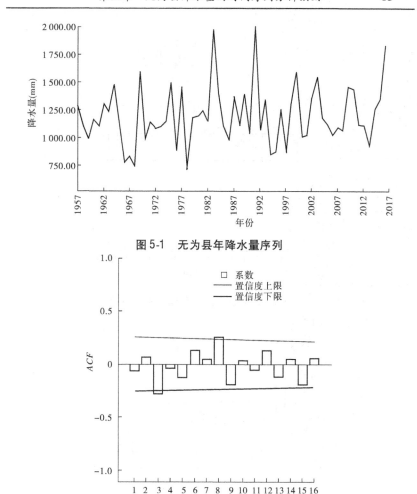

图 5-1　无为县年降水量序列

图 5-2　无为县年降水量自相关系数

作为新序列的第二个值,以此类推,得到 3 年叠加后的新序列。对自相关性和偏自相关性进行检验,结果如图 5-4、图 5-5 所示。可知,ACF 与 $PACF$ 最大等于 0.5,说明其相关性有所增强。

尝试建立 ARMA(1,1) 模型,模型参数如表 5-2 所示。经过 t 检验,自回归系数的伴随概率均大于 0.05,无统计学意义。从模型统计

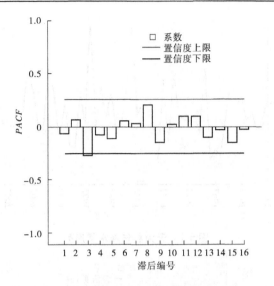

图 5-3　无为县年降水量偏自相关系数

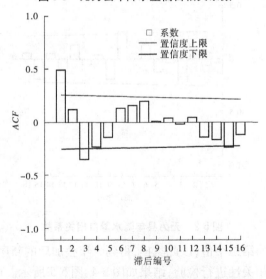

图 5-4　无为县年降水量 3 年叠加自相关系数

量表 5-3 可知, 平稳的 $R^2 = 0.294$, 杨 - 博克斯统计量为 52.115, 伴随概率小于 0.05, 反映拟合模型的残差存在相关性, 从自相关图和偏自相

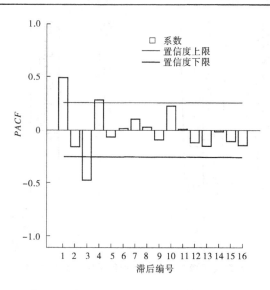

图5-5　无为县年降水量3年叠加偏自相关系数

关图(见图5-6)也能看出这一点。另外,还尝试建立 AR(4)、ARMA(4,3)模型,经过 t 检验,自回归系数的伴随概率均大于0.05,无统计学意义。因此,对年降水量进行3年叠加后得到的新序列,相关性依旧较弱,不能建模。

表5-2　ARMA(1,1)模型参数

项目				估算	标准误差	t	显著性
3年叠加降水量 - 模型_1	3年叠加降水量	不转换	常量	-7 399.133	11 378.977	-0.650	0.518
			AR 延迟1	0.428	0.243	1.760	0.084
			MA 延迟1	-0.120	0.270	-0.445	0.658

表5-3　ARMA(1,1)模型统计量

模型	预测变量数	模型拟合度统计		杨 - 博克斯 $Q(18)$			离群值数
		平稳 R^2		统计	DF	显著性	
3年叠加降水量 - 模型_1	1	0.294		52.115	16	0.000	0

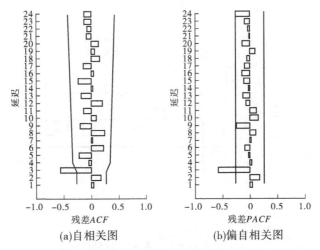

(a)自相关图　　　　　　　(b)偏自相关图

图5-6　无为县年降水量 3 年叠加自相关系数与偏自相关系数

　　对年降水量进行 4 年叠加,1957 ~ 1960 年的降水量叠加作为新序列的第一个值,1958 ~ 1961 年的降水量叠加作为新序列的第二个值,以此类推,得到 4 年叠加后的新序列,对自相关性和偏自相关性进行检验,结果如图 5-7、图 5-8 所示。可知,ACF 与 PACF 都有大于 0.5 的项,说明其有一定的相关性,且新序列是平稳序列。

　　由图 5-7、图 5-8 可以看出,偏自相关系数在 $K = 2$ 后基本上落入 2 倍标准差范围以内,可以判断其偏自相关系数 2 阶截尾,可尝试用 AR(2)进行拟合。

　　自相关系数在 $K = 2$ 之后基本落在 2 倍标准差范围内,可判断其为自相关系数 2 阶截尾,可尝试用 MA(2)进行拟合。

　　而自相关系数、偏自相关系数开始逐渐变化,且后边还有接近甚至稍大于 2 倍标准差的,故可以判断其拖尾,也可以考虑采用 ARMA(2,2)进行拟合。故下面采用 AR(2)、MA(2)以及 ARMA(2,2)分别进行拟合。

　　尝试建立 AR(2)模型,从模型统计量表 5-4 可知,平稳的 $R^2 = 0.508$,杨 – 博克斯统计量为 27.426,伴随概率小于 0.05,反映拟合模型的残差存在相关性,不为纯随机序列,从自相关图和偏自相关图(见图 5-9)也能看出这一点。因此,采用 AR(2)建模效果较差。

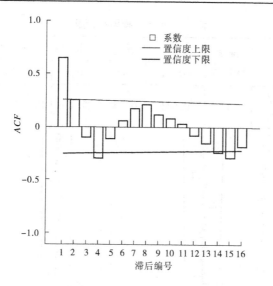

图 5-7　无为县年降水量 4 年叠加自相关系数

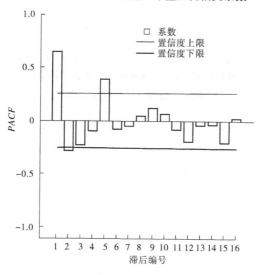

图 5-8　无为县年降水量 4 年叠加偏自相关系数

表 5-4　AR(2)模型统计量

模型	预测变量数	模型拟合度统计		杨 - 博克斯 $Q(18)$			离群值数
		平稳 R^2	R^2	统计	DF	显著性	
4 年叠加降水量 - 模型_1	1	0.508	0.508	27.426	16	0.037	0

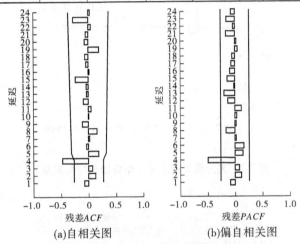

(a)自相关图　　　　　　(b)偏自相关图

图 5-9　无为县年降水量 4 年叠加 AR(2)
自相关系数与偏自相关系数

再尝试建立 MA(2)模型,模型参数如表 5-5 所示。经过 t 检验,自回归系数的伴随概率均小于 0.05,显著非零,有统计学意义。从模型统计量表 5-6 可知,平稳的 $R^2 = 0.475$,杨 - 博克斯统计量为 25.184,伴随概率大于 0.05。但是,从自相关图和偏自相关图(见图 5-10)来看,拟合模型的残差项存在相关性,残差序列不为白噪声序列。因此,采用 MA(2)建模效果差。

表 5-5　MA(2)模型参数

项目					估算	标准误差	t	显著性
4 年叠加降水量 - 模型_1	4 年叠加降水量	不转换	MA	延迟 1	-0.519	0.117	-4.429	0.000
				延迟 2	-0.599	0.120	-4.991	0.000

表5-6 MA(2)模型统计量

模型	预测变量数	模型拟合度统计				杨－博克斯 $Q(18)$			离群值数
		平稳 R^2	R^2	RMSE	MAPE	统计	DF	显著性	
4 年叠加降水量－模型_1	1	0.475	0.475	351.097	5.887	25.184	16	0.067	0

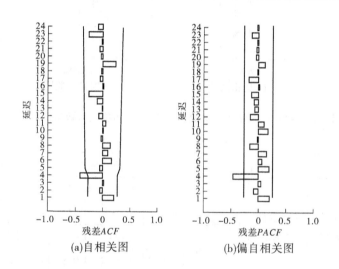

(a)自相关图   (b)偏自相关图

图 5-10 无为县年降水量 4 年叠加 MA(2)自相关系数
与偏自相关系数

最后,尝试建立 ARMA(2,2)模型,模型参数与模型统计量见表5-7、表5-8。从模型统计量表5-8 可知,平稳的 $R^2 = 0.646$,杨－博克斯统计量为 13.789,伴随概率大于 0.05,再结合自相关图和偏自相关图(见图 5-11)来看,反映拟合模型的残差项不存在相关性,残差序列为白噪声序列。另外,采用 ARMA(2,2)拟合的模型不存在离群值。美中不足的是模型参数(见表5-7)经过 t 检验,自回归系数的伴随概率有一项(MA 延迟 1)大于 0.05,接下来对模型的拟合效果作进一步分析,以确定能否采用 ARMA(2,2)模型来拟合。

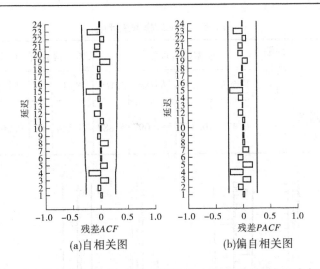

(a)自相关图　　　　　　　(b)偏自相关图

图 5-11　无为县年降水量 4 年叠加 ARMA(2,2)自相关系数与偏自相关系数

表 5-7　ARMA(2,2)模型参数

项目				估算	标准误差	t	显著性
4 年叠加降水量－模型_1	4 年叠加降水量	不转换	AR 延迟 1	0.866	0.134	6.459	0.000
			AR 延迟 2	-0.595	0.131	-4.537	0.000
			MA 延迟 1	0.134	0.076	1.747	0.087
			MA 延迟 2	-0.903	0.098	-9.171	0.000

表 5-8　ARMA(2,2)模型统计量

模型	预测变量数	模型拟合度统计				杨－博克斯 $Q(18)$			离群值数
		平稳 R^2	R^2	RMSE	MAPE	统计	DF	显著性	
4 年叠加降水量－模型_1	1	0.646	0.646	293.768	4.671	13.789	14	0.466	0

利用 ARMA(2,2)模型对时间序列进行模拟,用拟合值与 4 年叠加的实测值进行对比,结果如图 5-12 所示。

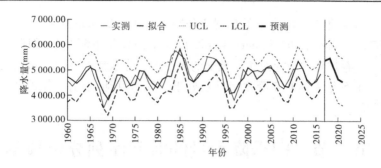

**图 5-12 无为县降水量 4 年叠加采用 ARMA(2,2)
模型拟合值与实测值对比图**

由图 5-12 可以看出,拟合的最大相对误差约为 17.3%,2015、2016 年的拟合值与实测值对比如表 5-9 所示,其相对误差分别为 - 1.93% 和 - 11.32%,说明模型精度较高,拟合效果良好。因此,年降水量可采用 ARMA(2,2)模型来拟合。

表 5-9 2015、2016 年 4 年叠加降水量的拟合值与实测值比较

年份(4 年叠加)	拟合值(mm)	实测值(mm)	绝对误差(mm)	相对误差
2015	4 542.76	4 632.20	- 89.54	- 1.93%
2016	4 752.56	5 359.40	- 606.84	- 11.32%

利用序列对未来的值进行预测,分别得到 2017 ~ 2021 年的预测值 (见表 5-10),由于分析的序列是 4 年降水量的叠加值,所以拟合模型 计算出的预测值不是某一年的降水量,而是 4 年累计的降水量。

表 5-10 无为县 2017 ~ 2021 年 4 年叠加降水量预测(单位:mm)

模型		2017	2018	2019	2020	2021
4 年叠加 降水量 - 模型_1	预测	5 425.24	5 497.88	5 072.72	4 662.91	4 562.47
	UCL	6 002.58	6 213.66	5 971.98	5 588.68	5 497.77
	LCL	4 847.90	4 782.10	4 173.45	3 737.13	3 627.16

综上所述,2017 ~ 2021 年无为县年降水量的预测表明,2017 ~

2021 年 4 年叠加降水量的预测值分别为:5 425.24 mm、5 497.88 mm、5 072.72 mm、4 662.91 mm、4 562.47 mm,总体呈下降趋势,但前 3 年的 4 年叠加降水量超过 4 年叠加的多年平均降水量 4 761.87 mm,反映了未来 5 年无为县年降水量虽然处于下降通道,但是前 3 年仍处于偏多阶段。

第三节　四季降水量的时间序列分析预测

一、春季降水量的时间序列分析预测

利用 spss23 统计软件,输入无为县 1957 ~ 2016 年春季降水量资料,其序列如图 5-13 所示,显然具有逐年递减的趋势性。

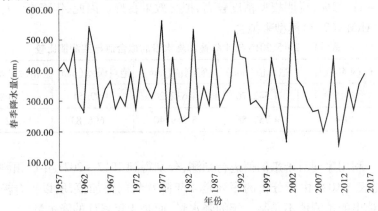

图 5-13　无为县春季降水量序列

对原序列进行一阶差分处理,其序列如图 5-14 所示。

进一步对自相关性和偏自相关性进行检验,结果如图 5-15、图 5-16 所示,新序列显然是平稳序列。

由图 5-15、图 5-16 可以看出,偏自相关系数在 $K = 3$ 后基本上落入 2 倍标准差范围以内,可以判断其偏自相关系数 3 阶截尾,可尝试用 AR(3)进行拟合。

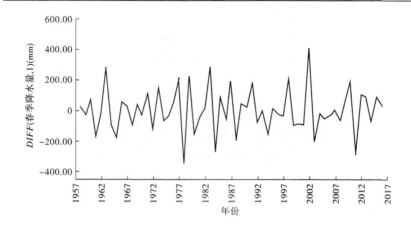

图 5-14　无为县春季降水量一阶差分处理后序列

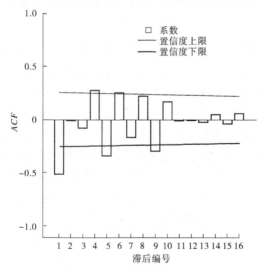

图 5-15　无为县春季降水量一阶差分处理后自相关系数

自相关系数在 $K=1$ 之后基本落在 2 倍标准差范围内,可判断其为自相关系数 1 阶截尾,可尝试用 MA(1) 进行拟合。

而自相关系数、偏自相关系数开始逐渐变化,且后边还有接近甚至超过 2 倍标准差的,故可以判断其拖尾,也可以考虑采用 ARMA(3,1)

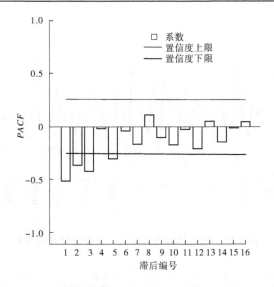

图 5-16　无为县春季降水量一阶差分处理后偏自相关系数

进行拟合。下面采用 AR(3)、MA(1)以及 ARMA(3,1)分别进行拟合。

尝试建立 AR(3)模型,模型参数如表 5-11 所列,经过 t 检验,自回归系数的伴随概率均小于 0.05,显著非零,有统计学意义。从模型统计量表 5-12 可知,平稳的 $R^2 = 0.486$,杨 - 博克斯统计量为 16.743,伴随概率大于 0.05,再结合自相关图和偏自相关图(见图 5-17)来看,反映拟合模型的残差项不存在相关性,残差序列为白噪声序列。另外,采用 AR(3)拟合的模型不存在离群值,模型的拟合度较好。

表 5-11　AR(3)模型参数

项目					估算	标准误差	t	显著性
DIFF(春季降水量,1) - 模型_1	*DIFF*(春季降水量,1)	不转换	AR	延迟 1	- 0.860	0.122	- 7.053	0.000
				延迟 2	- 0.663	0.143	- 4.633	0.000
				延迟 3	- 0.415	0.122	- 3.394	0.001

表 5-12 AR(3)模型统计量

模型	预测变量数	模型拟合度统计				杨 – 博克斯 $Q(18)$			离群值数
		平稳 R^2	R^2	$RMSE$	$MAPE$	统计	DF	显著性	
$DIFF$(春季降水量,1) – 模型_1	1	0.486	0.486	108.853	193.592	16.743	15	0.334	0

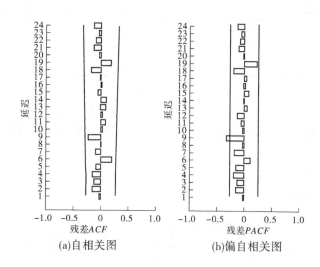

(a)自相关图　　　　(b)偏自相关图

图 5-17 无为县春季降水量一阶差分处理后 AR(3)
自相关系数与偏自相关系数

再尝试建立 MA(1)模型,模型参数如表 5-13 所示,经过 t 检验,自回归系数的伴随概率大于 0.05,无统计学意义,说明采用 MA(1)模型进行拟合不适合。

表 5-13 MA(1)模型参数

项目					估算	标准误差	t	显著性
$DIFF$(春季降水量,1) – 模型_1	$DIFF$(春季降水量,1)	不转换	MA	延迟 1	1.000	30.911	0.032	0.974

　　最后,尝试建立 ARMA(3,1)模型,模型参数如表 5-14 所示,经过 t 检验,自回归系数的伴随概率大于 0.05,无统计学意义,说明采用 AR-MA(3,1)模型进行拟合也是不适合的。

表 5-14　ARMA(3,1)模型参数

项目					估算	标准误差	t	显著性
$DIFF$(春季降水量,1) - 模型_1	$DIFF$(春季降水量,1)	不转换	AR	延迟 1	−0.160	0.148	−1.079	0.285
				延迟 2	−0.132	0.150	−0.877	0.385
				延迟 3	−0.076	0.148	−0.513	0.610
			MA	延迟 1	0.997	1.360	0.733	0.467

　　综上,采用 AR(3)模型进行拟合是最优的。对时间序列进行模拟,用拟合值与春季降水量一阶差分处理后的实测值进行对比,结果如图 5-18所示。

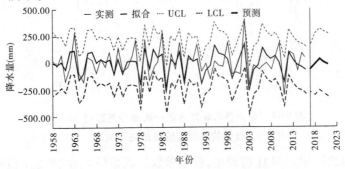

图 5-18　无为县春季降水量一阶差分处理后采用 AR(3)
模型拟合值与实测值对比

　　利用建立的 AR(3)模型对未来的值进行预测,分别得到 2017~2021 年的预测值(见表 5-15),可以看出,2017~2021 年春季降水量总体呈先降后升再降的变化趋势,但波动不大,除 2019 年、2020 年的春季降水量略多于春季多年平均降水量 343.58 mm 外,其余 3 年的春季降水量均少于春季多年平均降水量。

表5-15　无为县2017~2021年春季降水量的预测值

年份(春季)	2017	2018	2019	2020	2021
预测值(mm)	329.22	318.23	349.58	350.19	329.59

二、夏季降水量的时间序列分析预测

利用 spss23 统计软件,输入无为县 1957~2016 年夏季降水量资料,其序列如图 5-19 所示,显然具有逐年增加的趋势性。

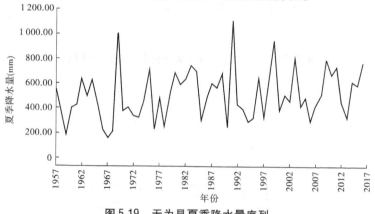

图5-19　无为县夏季降水量序列

对原序列进行一阶差分处理,其序列如图 5-20 所示。

进一步对自相关性和偏自相关性进行检验,结果如图 5-21、图 5-22 所示,新序列显然是平稳序列。

由图 5-21、图 5-22 可以看出,偏自相关系数在 $K=7$ 后基本上落入 2 倍标准差范围以内,可以判断其偏自相关系数 7 阶截尾,可尝试用 AR(7)进行拟合。

自相关系数在 $K=1$ 之后基本落在 2 倍标准差范围内,可判断其为自相关系数 1 阶截尾,可尝试用 MA(1)进行拟合。

而自相关系数、偏自相关系数开始逐渐变化,且后边还有接近 2 倍标准差的,故可以判断其拖尾,也可以考虑采用 ARMA(7,1)进行拟合。下面采用 AR(7)、MA(1)以及 ARMA(7,1)分别进行拟合。

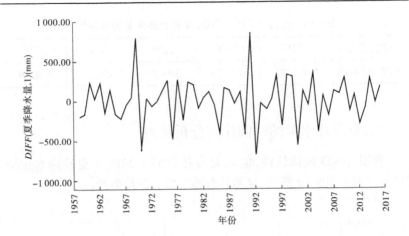

图 5-20　无为县夏季降水量一阶差分处理后序列

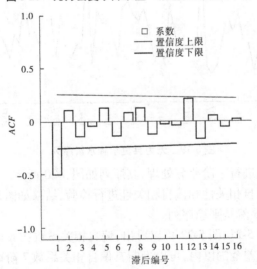

图 5-21　无为县夏季降水量一阶差分处理后自相关系数

尝试建立 AR(7)模型,模型参数如表 5-16 所列,经过 t 检验,自回归系数的伴随概率均小于 0.05,显著非零,有统计学意义。从模型统计量表 5-17 可知,平稳的 $R^2 = 0.535$,杨 – 博克斯统计量为 13.562,伴

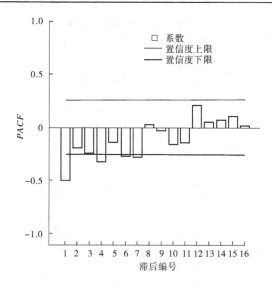

图 5-22　无为县夏季降水量一阶差分处理后偏自相关系数

随概率大于 0.05,再结合自相关图和偏自相关图(见图 5-23)来看,反映拟合模型的残差项不存在相关性,残差序列为白噪声序列。另外,采用 AR(7)拟合的模型不存在离群值,模型的拟合度较好。

表 5-16　AR(7)模型参数

项目					估算	标准误差	t	显著性
DIFF(夏季降水量,1) -模型_1	*DIFF*(夏季降水量,1)	不转换	AR	延迟 1	-0.959	0.132	-7.244	0.000
				延迟 2	-0.851	0.173	-4.915	0.000
				延迟 3	-0.960	0.192	-4.987	0.000
				延迟 4	-0.894	0.199	-4.488	0.000
				延迟 5	-0.646	0.193	-3.348	0.002
				延迟 6	-0.572	0.176	-3.258	0.002
				延迟 7	-0.311	0.136	-2.286	0.026

表 5-17　AR(7)模型统计量

模型	预测变量数	模型拟合度统计				杨 - 博克斯 $Q(18)$			离群值数
		平稳 R^2	R^2	$RMSE$	$MAPE$	统计	DF	显著性	
$DIFF$(夏季降水量,1) - 模型_1	1	0.535	0.535	211.976	141.148	13.562	11	0.258	0

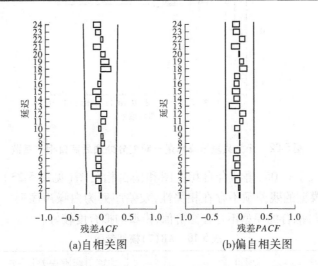

(a)自相关图　　　　　　　(b)偏自相关图

图 5-23　无为县夏季降水量一阶差分处理后 AR(7)自相关系数与偏自相关系数

　　再尝试建立 ARMA(7,1)模型,模型参数如表 5-18 所示,经过 t 检验,自回归系数的伴随概率均大于 0.05,无统计学意义,说明采用 ARMA(7,1)模型进行拟合不适合。

　　最后,尝试建立 MA(1)模型,模型参数如表 5-19 所示,经过 t 检验,自回归系数的伴随概率大于 0.05,无统计学意义,说明采用 MA(1)模型进行拟合也是不适合的。

　　综上所述,采用 AR(7)模型进行拟合是最优的。对时间序列进行模拟,用拟合值与夏季降水量一阶差分处理后的实测值进行对比,结果如图 5-24 所示。

表 5-18 ARMA(7,1)模型参数

项目					估算	标准误差	t	显著性
DIFF(夏季降水量,1)-模型_1	DIFF(夏季降水量,1)	不转换	AR	延迟 1	-0.113	0.167	-0.679	0.501
				延迟 2	-0.102	0.165	-0.618	0.540
				延迟 3	-0.286	0.169	-1.691	0.098
				延迟 4	-0.178	0.178	-1.000	0.322
				延迟 5	-0.026	0.175	-0.148	0.883
				延迟 6	-0.127	0.168	-0.757	0.453
				延迟 7	0.050	0.165	0.305	0.762
			MA	延迟 1	0.997	1.917	0.520	0.605

表 5-19 MA(1)模型参数

					估算	标准误差	t	显著性
DIFF(夏季降水量,1)-模型_1	DIFF(夏季降水量,1)	不转换	MA	延迟 1	1.000	11.065	0.090	0.928

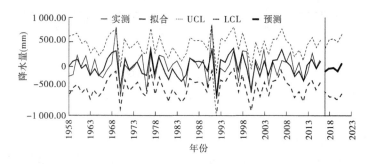

图 5-24 无为县夏季降水量一阶差分后采用 AR(7)模型拟合值与实测值对比

利用建立的 AR(7)模型对未来的值进行预测,分别得到 2017 ~ 2021 年的预测值(见表 5-20),可以看出,2017 ~ 2021 年夏季降水量总

体呈下降的趋势,除 2020 年的夏季降水量略少于夏季多年平均降水量 508.4 mm 外,其余 4 年的夏季降水量均超过夏季多年平均降水量。

表 5-20　无为县 2017~2021 年夏季降水量的预测值

年份(夏季)	2017	2018	2019	2020	2021
预测值(mm)	656.64	621.24	593.75	505.96	576.81

三、秋季降水量的时间序列分析预测

利用 spss23 统计软件,输入无为县 1957~2016 年秋季降水量资料,其序列如图 5-25 所示,显然是平稳序列。

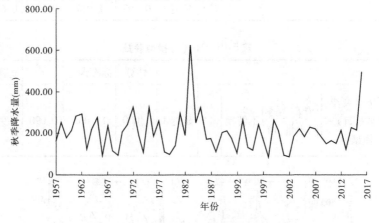

图 5-25　无为县秋季降水量序列

进一步对自相关性和偏自相关性进行检验,结果如图 5-26、图 5-27 所示,可知,无为县秋季降水量序列接近于白噪声序列,反映无为县秋季降水量随机性强。

为了增强序列的相关性,对原序列进行一阶差分处理,其序列如图 5-28 所示。

进一步对自相关性和偏自相关性进行检验,结果如图 5-29、图 5-30 所示,新序列显然是平稳序列,其相关性也明显增强。

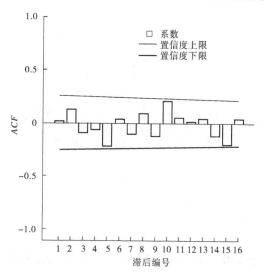

图 5-26　无为县秋季降水量自相关系数

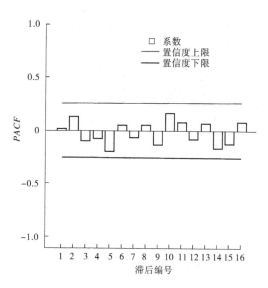

图 5-27　无为县秋季降水量偏自相关系数

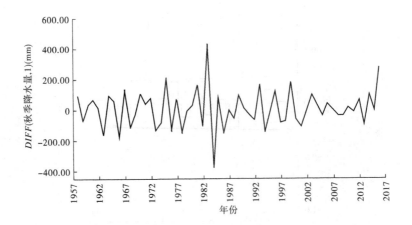

图 5-28　无为县秋季降水量一阶差分处理后序列

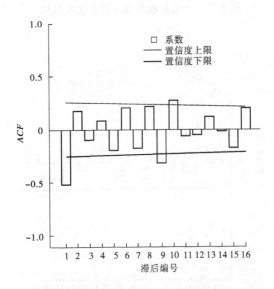

图 5-29　无为县秋季降水量一阶差分处理后自相关系数

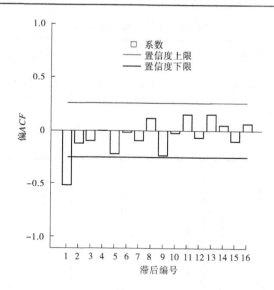

图 5-30　无为县秋季降水量一阶差分处理后偏自相关系数

由图 5-29、图 5-30 可以看出,偏自相关系数在 $K=1$ 后基本上落入 2 倍标准差范围以内,可以判断其偏自相关系数 1 阶截尾,而自相关系数在 $K=1$ 之后还有接近甚至超过 2 倍标准差的,可以判断其拖尾,故可尝试用 AR(1)进行拟合。

尝试建立 AR(1)模型,模型参数如表 5-21 所示,经过 t 检验,自回归系数的伴随概率小于 0.05,显著非零,有统计学意义。从模型统计量表 5-22 可知,平稳的 $R^2=0.292$,杨 - 博克斯统计量为 18.726,伴随概率大于 0.05,再结合自相关图和偏自相关图(见图 5-31)来看,反映拟合模型的残差项不存在相关性,残差序列为白噪声序列。另外,采用 AR(1)拟合的模型不存在离群值,模型的拟合度较好。

表 5-21　AR(1)模型参数

项目				估算	标准误差	t	显著性
DIFF(秋季降水量,1) - 模型_1	DIFF(秋季降水量,1)	不转换	AR	延迟 1	-0.558	0.116	-4.821	0.000

表 5-22　AR(1)模型统计量

模型	预测变量数	模型拟合度统计				杨－博克斯 $Q(18)$			离群值数
		平稳 R^2	R^2	$RMSE$	$MAPE$	统计	DF	显著性	
$DIFF$(秋季降水量,1)－模型_1	1	0.292	0.292	107.895	350.614	18.726	17	0.344	0

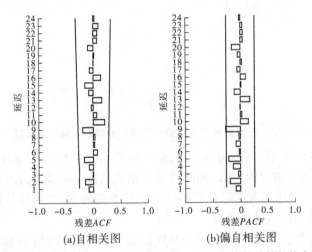

(a)自相关图　　　　　　(b)偏自相关图

图 5-31　无为县秋季降水量一阶差分处理后 AR(1)自相关系数与偏自相关系数

　　利用 AR(1)模型对时间序列进行模拟,用拟合值与秋季降水量一阶差分后的实测值进行对比,结果如图 5-32 所示。

　　利用建立的 AR(1)模型对未来的值进行预测,分别得到 2017 ～ 2021 年的预测值(见表 5-23),可以看出,从 2017 年至 2021 年秋季降水量总体呈波动变化,波动幅度由大变小,未来 5 年的秋季降水量均多于秋季多年平均降水量 203.72 mm,处于偏多阶段。

表 5-23　无为县 2017 ～ 2021 年秋季降水量的预测值

年份(秋季)	2017	2018	2019	2020	2021
预测值(mm)	345.73	434.06	390.29	420.22	409.03

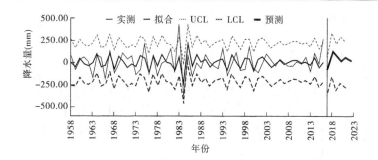

图5-32　无为县秋季降水量一阶差分处理后采用 AR(1)
模型拟合值与实测值对比

四、冬季降水量的时间序列分析预测

利用 spss23 统计软件,输入无为县 1957～2015 年冬季降水量资料,其序列如图 5-33 所示,显然具有逐年递增的趋势性。

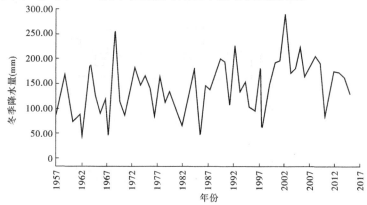

图5-33　无为县冬季降水量序列

对原序列进行一阶差分处理,其序列如图 5-34 所示。

进一步对自相关性和偏自相关性进行检验,结果如图 5-35、图 5-36 所示,新序列显然是平稳序列。

由图 5-35、图 5-36 可以看出,偏自相关系数在 $K=4$ 后基本上落入 2 倍标准差范围以内,可以判断其偏自相关系数 4 阶截尾,可尝试用

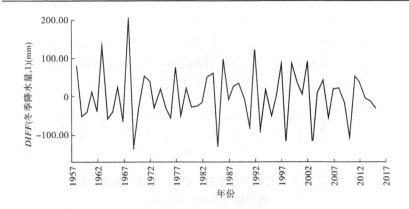

图 5-34　无为县冬季降水量一阶差分处理后序列

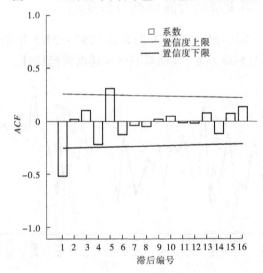

图 5-35　无为县冬季降水量一阶差分处理后自相关系数

AR(4)进行拟合。

　　自相关系数在 $K=1$ 之后基本落在2倍标准差范围内,可判断其为自相关系数1阶截尾,可尝试用 MA(1)进行拟合。

　　而自相关系数、偏自相关系数开始逐渐变化,且后边还有接近甚至超过2倍标准差的,故也可以判断其拖尾,也可以考虑采用 ARMA(4,1)

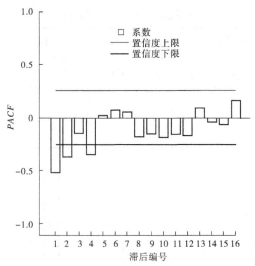

图 5-36　无为县冬季降水量一阶差分处理后偏自相关系数

进行拟合。故下面采用 AR(4)、MA(1)以及 ARMA(4,1)分别进行拟合。

　　尝试建立 AR(4)模型,模型参数如表 5-24 所列,经过 t 检验,自回归系数的伴随概率均小于 0.05,显著非零,有统计学意义。从模型统计量表 5-25 可知,平稳的 $R^2=0.467$,杨 - 博克斯统计量为 19.739,伴随概率大于 0.05,再结合自相关图和偏自相关图(见图 5-37)来看,反映拟合模型的残差项不存在相关性,残差序列为白噪声序列。另外,采用 AR(4)拟合的模型不存在离群值,模型的拟合度较好。

表 5-24　AR(4)模型参数

项目					估算	标准误差	t	显著性
DIFF(冬季降水量,1) - 模型_1	DIFF(冬季降水量,1)	不转换	AR	延迟 1	− 0.839	0.129	− 6.503	0.000
				延迟 2	− 0.656	0.165	− 3.981	0.000
				延迟 3	− 0.425	0.163	− 2.600	0.012
				延迟 4	− 0.344	0.129	− 2.664	0.010

表 5-25　AR(4)模型统计量

模型	预测变量数	模型拟合度统计				杨－博克斯 Q(18)			离群值数
		平稳 R^2	R^2	RMSE	MAPE	统计	DF	显著性	
DIFF(冬季降水量,1)-模型_1	1	0.467	0.467	52.468	142.601	19.739	14	0.139	0

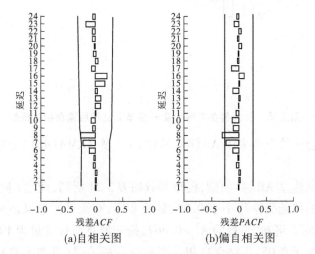

(a)自相关图　　　　　　(b)偏自相关图

图5-37　无为县冬季降水量一阶差分处理后 AR(4)
自相关系数与偏自相关系数

再尝试建立 MA(1)模型,模型参数如表 5-26 所示,经过 t 检验,自回归系数的伴随概率大于 0.05,无统计学意义,说明采用 MA(1)模型进行拟合是不适合的。

表 5-26　MA(1)模型参数

项目					估算	标准误差	t	显著性
DIFF(冬季降水量,1)-模型_1	DIFF(冬季降水量,1)	不转换	MA	延迟 1	1.000	35.067	0.029	0.977

最后,尝试建立 ARMA(4,1)模型,模型参数如表 5-27 所示,经过 t 检验,自回归系数的伴随概率有两项大于 0.05,无统计学意义,说明采用 ARMA(4,1)模型进行拟合也是不合适的。

表5-27　ARMA(4,1)模型参数

项目					估算	标准误差	t	显著性
DIFF(冬季降水量,1)-模型_1	DIFF(冬季降水量,1)	不转换	AR	延迟1	-0.896	0.385	-2.329	0.024
				延迟2	-0.701	0.330	-2.126	0.038
				延迟3	-0.452	0.239	-1.889	0.065
				延迟4	-0.352	0.137	-2.562	0.013
			MA	延迟1	-0.065	0.412	-0.156	0.876

综上,采用 AR(4)模型进行拟合是最优的。对时间序列进行模拟,用拟合值与冬季降水量一阶差分处理后的实测值进行对比,结果如图 5-38 所示。

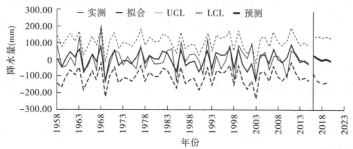

图5-38　无为县冬季降水量一阶差分处理后采用 AR(4)模型拟合值与实测值对比

利用建立的 AR(4)模型对未来的值进行预测,分别得到 2016 ~ 2020 年的预测值(见表 5-28),可以看出,从 2016 年至 2020 年冬季降水量总体呈先升后降的变化趋势,但波动不大,未来 5 年的冬季降水量均多于冬季多年平均降水量 142.97 mm,处于偏多阶段。

表5-28　无为县 2016 ~ 2020 年冬季降水量的预测值

年份(冬季)	2016	2017	2018	2019	2020
预测值(mm)	152.90	161.12	157.83	157.61	150.50

五、小结

(1)2017～2021年春季降水量的预测表明,从2017年至2021年春季降水量预测值分别为:329.22 mm、318.23 mm、349.58 mm、350.19 mm、329.59 mm,总体呈先降后升再降的变化趋势,但波动不大,除2019、2020年的春季降水量略多于春季多年平均降水量343.58 mm外,其余3年的春季降水量均少于春季多年平均降水量。

(2)2017～2021年夏季降水量的预测表明,从2017年至2021年夏季降水量预测值分别为:656.64 mm、621.24 mm、593.75 mm、505.96 mm、576.81 mm,总体呈下降趋势,除2020年的夏季降水量略少于夏季多年平均降水量508.4 mm外,其余4年的夏季降水量均超过夏季多年平均降水量,反映了未来5年无为县夏季降水量虽然处于下降通道,但是仍处于偏多阶段。

(3)2017～2021年秋季降水量的预测表明,从2017年至2021年秋季降水量预测值分别为:345.73 mm、434.06 mm、390.29 mm、420.22 mm、409.03 mm,总体呈波动变化,波动幅度由大变小,未来5年的秋季降水量均多于秋季多年平均降水量203.72 mm,处于偏多阶段。

(4)2016～2020年冬季降水量的预测表明,从2016年至2020年冬季降水量预测值分别为:152.90 mm、161.12 mm、157.83 mm、157.61 mm、150.50 mm,冬季降水量总体呈先升后降的变化趋势,但波动不大,未来5年的冬季降水量均多于冬季多年平均降水量142.97 mm,处于偏多阶段。

第六章 无为县防洪策略与方法

第一节 无为县近年来的典型洪涝灾害及抗洪抢险

无为县自 20 世纪 80 年代以来,共经历 7 次典型洪涝灾害,分别为 1991 年、1995 年、1996 年、1998 年、1999 年、2003 年和 2016 年。

一、1991 年洪涝灾害及抗洪抢险

1991 年 4 次大暴雨百年罕见。1 月 1 日至 4 月 15 日,累计降雨 395.1 mm,圩内底水多,水库山塘蓄水满。4 月 16 日夜至 17 日又降雨 186 mm(牛埠),使内河水位陡涨。截至 8 月 5 日,全县累计降雨量达 1 831 mm,比正常年份全年多降 600 mm。4 月 17 日、6 月 13 ~ 15 日、7 月 1 ~ 4 日、8 月 2 ~ 5 日,4 次大暴雨过程约 220 h,降雨 1 040 mm,超过 1983 年(602 mm)和 1969 年(751 mm)。无为县各水文站水位均超过 1954 年最高水位。其时庐江、巢湖洪水下泄,山洪暴发,圩区一片汪洋,水库持续溢洪。全县溃破、漫破小圩 142 个(含 66.7 hm² 以上圩口 26 个),面积 6 280 hm²,损失达 4.3 亿元。全县倒塌民房 2.68 万户、4.8 万间,轻重伤 345 人,死 13 人。

1991 年,全县上堤防汛抗洪民工 26 万人。抗洪抢险中,共下外障 2 828 处,长 59.5 km,打土牛 2 200 个,挡浪 723 处、476 km,两项共做土方 110 万 m³。开动电机 724 台、5.7 万 kW,柴油机 1 302 台、1.3 万 kW,小水泵 5 429 台,水车 8 725 辆,日用电负荷 6 万 kW。全县投入防汛抢险器材:木料 1 312 m³,毛竹 11.2 万支,元竹 5 748 担,草袋 73.8 万条,铅丝 42.7 t,元钉 1.9 t,浪草 3.4 万担,用电 5 000 万 kW·h,柴油 1 059 t。

二、1995 年洪涝灾害及抗洪抢险

1995 年 6 月 20 日开始,长江流域连降暴雨。6 月 20 日晚至 21 日晨,10 小时降雨 180 mm 以上,无城地区 200 mm 以上,暴雨强度仅次于1991 年,降雨集中,雨量集中。无城站水位由 19 日的 8.16 m 涨至 25日的 11.29 m,全县各水文站一周内均上涨 3 m 以上。裕溪闸外比闸内水位高 90 mm,凤凰颈排灌站 6 月 24 日开机排洪仅 2 天,洪水就无法外排。土桥街道 7 月 28 日进水 2 m 深。全县 1/3 乡镇被迫停电,工业停产。全县成灾 4.1 万 hm²。

汛前,全县筹集大批防汛器材,按要求到位,还筹集 400 多万元防汛经费,供紧急抗灾之用。汛情出现后,发动上堤民工 25 万多人,抽调县直科局级干部 160 多名进驻抗灾第一线,开动各种排涝电机 5 552台、柴油机 540 台排涝。在兼顾内圩的同时,把防汛重点移向长江沿线。长江外护堤靠近长江大堤接头处 200 m 以内全面加固,沿堤所有进出水口确定专人看守,发动 3 万人加子堤、护堤、除险、日夜巡逻。为顾全大局,确保长江大堤,刘渡镇的官洲圩、高沟乡的小圩拐、泥汊镇的南瓜圩、汤沟镇的鱼苗场等放水进圩保大堤。

三、1996 年洪涝灾害及抗洪抢险

1996 年春季后连阴雨,至 8 月 3 日,全县降雨 920 mm,全县短时间内普降大到暴雨乃至大暴雨,山洪暴发,江河水位急剧上涨。7 月 18日无城水位 11.82 m,7 月 24 日凤凰颈闸外水位 14.14 m,均接近 1983年相应水位。全县大小圩全面受涝,随潮田、沿湖、沿河、沿江淹没面积达 6 333 hm²。这一年汛情特殊,先期内外受压,后期长江、巢湖、内河三面夹击。无城东、南、北门先后进水,部分工厂、企业停电停产。

汛期,全县抽调 38 名科局级干部分赴沿江和重点乡镇参加防汛。全县最高日上堤防汛达 10 万人以上,打牛牢 1 432 个,下外障 545 处,长度达 54.2 km,完成土方 20 多万 m³(不包括加子堤和挡浪土方)。为确保历史险工要段——无为大堤惠生堤段的安全,8 月 1 日开始,上堤 4 万人大干 2 天,完成 37 km 子堤加高 1 m 的任务。巢湖地区防汛

指挥部组织庐江、巢湖、含山、和县等县、市民工和 200 名武警官兵,参加惠生堤加固工程。8 月 5 日,庐江县送到 10.3 万条编织袋,巢湖市(居巢区)送到 5 万多条编织袋,补充防汛器材。该年 66.7 hm² 以上圩口均未溃破,小圩溃破受淹仅 860 hm²,灾害损失 3.45 亿元。

四、1998 年洪涝灾害及抗洪抢险

1998 年入春后,全县降雨 929 mm,其中 6 月以后累计降雨 682 mm,仅 6 月 27 日不到 10 小时降雨 130 mm。6 月 27 日至 9 月 17 日,全县超警戒水位 82 天,在 14.20 m 以上 49 天。7 月 5 日、8 月 2 日两次洪峰,凤凰颈最高江水位分别达到 14.45 m 和 14.97 m,仅低于 1954年水位,无城水位 11.55 m。9 月上旬 8 次洪峰。长江、内河洪涝同时出现,涉及全县,沿江乡镇灾情严重。

长江防汛中,开挖排水导渗沟 5 000 m,做养水盆 2 个,清除堤坡杂草 350 万 m²,清除杂树 2 000 多棵,拆除违章房屋面积达 3 000 多 m²;共耗用砂石 2 000 t、草袋 20 万条、编织袋 6 万条、铁丝 500 kg、麻袋1 000 条、毛竹 5 000 支、芦席 5 000 张。

五、1999 年洪涝灾害及抗洪抢险

1999 年 6 月连降 3 次大暴雨(7~10 日、26~27 日、29~30 日),全县降雨量平均 550 mm 以上,是多年平均的 3.5 倍,超出 1991 年同期降雨(403 mm)147 mm;26 日、27 日两天全县平均降雨量超过 200 mm,最高日降雨量如土桥、牛埠等地达 400 mm。集中降雨造成山洪暴发,皖江、牌楼水库泄洪,水位下降分别达 1.3 m、1 m,下泄洪水致使数百公顷良田被淹没,严桥镇被洪水围困深达 1 m。江河水位陡涨,27 日一天内西河梁家坝水位上涨 1.22 m,2 天共涨近 2 m;无城上涨 1.21 m;西河缺口水位 8 天上涨 3.03 m,超过白湖农场东大圩正常蓄洪水位(11.73 m)0.73 m。29 日江水超过警戒水位后,日平均涨幅约 100mm,7 月 23 日涨至 14.69 m,仅次于 1954 年、1998 年,是中华人民共和国成立以来第三高水位年。7 月 2 日裕溪闸外水位高出内河水位,致使内洪不能外排;此时无城水位达 11.44 m,超过警戒水位 0.94 m;江

水仍在迅猛上涨,内河、长江堤防内涨外压,居高不下,同时告急。

防汛初始,县委县政府提出"全面防、全面保"。随着汛情急剧恶化,提出"全面防、重点保",对66.7 hm² 左右圩口重点保护外框,控制排涝;对333.33 hm² 以上大圩既要确保万无一失,又要抢排积水。天气转晴后,提出在不出现暴雨、水位不涨的情况下,现有圩口不允许溃破。长江高水位时,巢湖市上堤民工6 000名,以区、县为单位,组织6个抢险突击队,每队100人。防汛指挥部清除堤坡杂草约200多万m²,并专门印发值班登记表和巡堤查险记录簿,防止出现防汛值班"疲劳战"和夜间巡堤"睡堤"现象。发现漏洞、散浸、管涌等险情共27处,动用石子80 t、黄砂60 t。防汛吃紧时,开展山区支援圩区活动,有8 000多名山区群众自带工具、干粮冒雨兼程赶到圩区参加抢险。该年溃破中小圩口2 993 hm²,损失4.95亿元,无人员死亡。

六、2003年洪涝灾害及抗洪抢险

2003年,全县降雨1 286.3 mm,高于多年平均值。6月份降雨296.6 mm,比平均值多113.4 mm。特别是梅雨期(6月20日至7月11日)全县大范围强降雨,无城降雨510 mm、凤凰颈645 mm、梁家坝691 mm、开城542 mm,各地与1999年同期分别偏多225 mm、262 mm、282 mm、191 mm,接近1991年。6月下旬后,全县遭受3次强降雨,其中29日无城降雨117 mm,凤凰颈128 mm。7月9日梁家坝降雨198 mm,开城146 mm,均高于1991年、1999年最大日降雨量。6月30日8时与27日8时水位相比,无城水位上涨2.02 m,至7月11日,无城水位达11.56 m,超过保证水位0.06 m,皖江、牌楼水库最高溢洪深度达50～60 cm。沿江沿河圩区全部受涝,中小圩口全线靠子堤挡水,333.33 hm² 以上大圩堤防渗漏塌方险象环生,中小圩口先后漫破85个,面积3 800 hm²,直接经济损失4.8亿元。

汛期,县政府强化行政首长防汛责任制。7月9日,凤凰颈排灌站开机抽排西河洪水,削减洪峰;7月11日,白湖农场东大圩破堤蓄洪,减轻西河流域圩口防洪压力。至此,无为县的汛情方有所缓解。

七、2016年洪涝灾害及抗洪抢险

2016年无为县遭遇了自1954年有资料记载以来超历史特大洪水袭击,6月30日20时起无为县是全省最早进入紧急防汛期,直至7月21日,仍是全省唯一所有内河全线超保证水位的县。防汛抗洪形势主要呈现"五个之最"特点。

(1)短期降雨强度为历史之最。据统计,6月21日至7月21日,无为县累计平均降雨646 mm,是常年的2.58倍,最大点累计降雨量昆山乡882 mm。截至7月7日9时,全县周降雨量达480 mm左右,昆山乡周降雨量高达535.5 mm,石涧镇日降雨量高达281.4 mm,短期降雨量百年不遇、超历史最高强度,是无为县1954年以来最大的洪水。

(2)内河水位之高为历史之最。受持续强降雨影响,虽然自6月25日起凤凰颈站5台机组全开、流量达1 728万 m³/d,但内河水位仍居高不下,加之江水顶托、过境长江洪峰高达6.52万 m³/s,长江洪水压力不减,内河水位是有资料记录以来超历史最高水位。永安河开城水位最高上涨达12.65 m,超历史最高水位0.27 m,超保证水位1.15 m;西河梁家坝水位达12.64 m,超历史最高水位0.32 m,超保证水位1.14 m;西河无城水位达12.57 m,超历史最高水位0.46 m,超保证水位1.07 m。

(3)抗洪压力之大为历史之最。全县堤防总长达1 008.55 km,占芜湖市堤防总长42.8%,其中长江大堤堤长75.2 km,内河堤长833.5 km,长江外护圩和江心洲堤长99.8 km。非在册圩口堤长204.1 km,在册66.7 hm²以上圩口72个,占芜湖市的48%。其中,666.7 hm²以上圩口13个,占芜湖市的31.7%;666.7 hm²以下333.3 hm²以上圩口11个,占芜湖市的38%。内河圩口管涌、渗漏、塌方等险情频发、险象环生,全县面临着"内涨外压、双线作战、持续攻坚"的严峻形势。

(4)堤防超保证水位浸泡时间之长为历史之最。自7月1日14时起,无为县各条河流、圩口堤防陆续超保证水位0.5~0.57 m,1 008.55 km的堤防超保证水位浸泡达654 h,堤防超保证水位浸泡时间超历史记录222 h。

（5）因汛受灾之重为历史之最。据初步统计，全县共有 121 万人口受灾，农作物受灾面积达 6.85 万 hm²，成灾面积 5.81 万 hm²，绝收面积 4.39 万 hm²，分别占全县总种植面积的 91.4%、77.5% 和 58.5%。受灾企业 111 家，面积 4.39 万 m²；倒塌房屋 2 193 间、1 075 户，损坏房屋 13 979 间、5 382 户；损毁 35 kV 变电站 1 座，配电台区 256 个，供电线路 299 km；损毁省、县、乡道路 1 285 km，塌方 16.9 km。全县在册圩口漫溢 26 个、面积 2 593.3 hm²，因灾转移人口 63 643 人，共造成直接经济损失 54.1 亿元。水利设施损毁严重，漫溢圩口 126 个，其中在册圩口 26 个（均为 200 hm² 以下圩口），受灾面积 9 260 hm²；堤防塌方 1 406 处，长 207.36 km；3 950 处渗漏；护岸 161 处损坏，长 86.88 km；堤顶道路损毁 367 处，长 357.5 km；漫（溃）口 274 处，长 16.69 km；渠道渗漏、塌方、冲毁、淤塞等水毁长 531.05 km；涵闸斗门水毁 299 座；小水库水毁 12 座；农村水厂水毁 43 座；泵站水毁 293 座，装机 35 810 kW；塘坝水毁 696 座。全县水利基础设施水毁修复估算资金近 7.4 亿元。

汛期县防指于 6 月 28 日上午 10 时及时启动了防汛应急预案Ⅳ级响应，7 月 1 日上午 8 时经综合研判，启动了防汛应急预案Ⅱ级响应，随后根据雨情、水情、汛情和灾情，将防汛应急预案迅速提高到Ⅰ级。并且针对不断演变的抗洪形势，及时研判、调整思路、有效应对，由一开始的"全面防、全面保"转变到 7 月 3 日的"重点防、重点保"，再转变为 7 月 8 日的"全面防、全面保"；由县四大班子负责人和县直单位联系乡镇、河流转变为 7 月 2 日的联系圩口、堤段，细化压实防汛责任。据统计，全县投入防汛抗洪的县、乡、村干部达 4 344 人，民工 48 561 人，消耗防汛抢险编织袋 88.7 万条、桩木 2.83 万根、铅丝 987.5 t、砂石 27.4 万 t、防雨布 488 870 m、土工布 47.4 万 m² 等。面对这次异常严峻的抗洪形势，无为县把防汛抗洪工作作为压倒一切的中心任务，切实做到了"两个没有"（没有发生 200 hm² 以上圩口漫破、没有发生一起因汛人员伤亡）。8 月 10 日上午 8 时，县防指决定解除防汛应急预案Ⅲ级响应，无为县防汛抗洪工作取得全面胜利。

第二节　无为县防洪策略建议

前述小波分析和时间序列分析预测等都反映了未来 5 年无为县夏季降水量虽然总体呈下降趋势,但仍处于偏多阶段,存在一定的防洪压力,为此,根据无为县夏季降水规律及特点,充分考虑"山环西北,水聚东南"的地貌特征,提出蓄、排、挡、管、防相结合的防洪策略。

一、清淤蓄水

由上面降水规律及特点分析可知,无为县汛水主要由夏季降水形成,并且集中度高,因此应充分考虑"山环西北,水聚东南"的地貌特征,将降水就地拦蓄,能有效减轻防洪压力。对于县域北部至西南的低山丘陵区,自然地质环境脆弱,应巩固退耕还林成果,涵养水源,部分裸岩、土壤流失严重的区域,修筑水土保持工程,防止水土流失,并推进小水库的除险加固及改扩建,提高蓄水能力。县境中部的低岗平畈区,大力开展水土保持工作,提高植被覆盖率,增强对降水的截留作用,并减缓汇流速度,延缓汇流时间,起到调节径流作用。县境东部低圩平原区水网发达,如泥汊、陡沟、汤沟等乡镇河网密度超过 90 km/km²,近年由于经济发展及建设,占用了一些河道,还有些河道被人为分割。另外,河道及当家塘淤积严重,河道槽蓄量及当家塘容量减少严重,以致一下雨就满,不下雨就干。因此,应打通分割的河道,恢复水系的完整性,清淤扩挖河道和当家塘,并在低洼地新开挖当家塘,增加河道槽蓄量及当家塘容量,使来水及降水能蓄得住。

二、预报排水

无为县固定排灌泵站 640 座,县境东部地区上九连圩、下九连圩、练塘圩、三闸圩等 666.7 hm² 以上的圩口的排涝能力已大幅度提高。但是,无为县洪水出路目前只有凤凰颈排灌站抽排和黄雒闸泄洪,如图 6-1 所示,且在裕溪河水位高于西河时黄雒闸还不能泄洪。2016 年,无为县上游来水最大时达 1 600 m³/s,而最大出流不到 600 m³/s,1 000

多 m³/s 没有出路,只能滞留在无为县境内,致使无为县内河水位接连创历史新高且居高难下。另外,由于无为县降水主要集中在 6 月下旬和 7 月上旬,此时需要外排洪水,而长江往往也处于高水位,致使外排洪水困难。因此,一方面要统筹谋划巢湖流域综合治理,尽快解决巢湖以及无为县洪水出路问题,力争将新建的神塘河大型排涝泵站列入引江济巢工程,组织实施凤凰颈排涝站改造和凤凰颈闸改建,将东大圩进洪闸由单向挡水改为双向挡水,使其与西河、兆河泄洪错开;另一方面应增设气象水文监测设施,加强雨情、水情的监测和预报,做到提前调度、提前排水、预降水位。

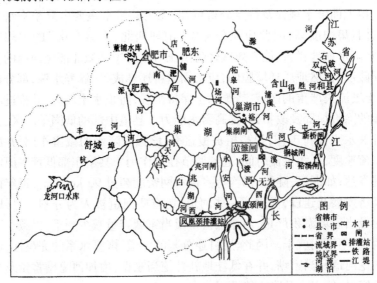

图 6-1　凤凰颈排灌站、黄雒闸位置

三、堤防挡水

无为县河网密布,圩口众多,裕溪河及支流西河是贯穿县境的主干河流,县境内河堤长近 900 km。目前,官圩、上九连圩、下九连圩防洪标准达 50 年一遇。2016 年汛后,裕溪河治理工程全面开工,工程实施后,裕溪河、西河干流城镇及重要园区防洪标准将达到 50 年一遇,

666.7 hm² 以上大圩、重要圩口的防洪标准将达到 20 年一遇以上,将显著提高防洪安全保障能力,大大减轻防洪压力,但一些重要的支流及众多 666.7 hm² 以下的圩口防洪标准仍然偏低,即便是防洪标准达 50 年一遇的上九连圩、下九连圩,在 2016 年汛期洪水仍超过保证水位 1 m 多,2016 年汛期部分地方为保中小河流堤防安全,严禁排涝站排涝,造成"关门淹",损失惨重。因此,必须根据社会经济发展情况继续逐步提高堤防防洪标准,特别是与国家一级堤防无为大堤成圈的练塘圩、东西二十四连圩、上九连圩、下九连圩等内河圩堤,以及沿西河、裕溪河部分堤防,如图 6-2 所示。这些堤防是无为大堤后方的安全屏障,若溃决将直接从无为大堤背水面威胁其安全,必须予以高度重视。西河最大的支流永安河,流域总耕地面积近 16 666.7 hm²,流域内 666.7 hm² 以上大圩有 6 个,流域上游山丘区面积较大,坡度陡,汇流时间短,往往洪峰流量大,而永安河干流河道断面狭窄,堤防低矮单薄,防洪标准一般不超过 20 年一遇,沿河两岸圩区地势低洼,常受上游山洪袭击及西河洪水威胁,流域内洪涝灾害频繁,必须逐步加高加固堤防。另外,县境内 200~666.7 hm² 的圩口,许多圩堤基础差,防洪抗灾能力弱,应逐步加大投入,加高加固圩堤,提高其防洪标准。

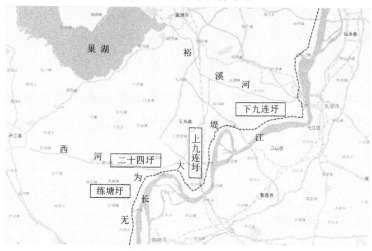

图 6-2　与无为大堤成圈的内圩及内河位置

四、风险管水

无为县共有大、小圩口 210 个,面积 70 666.7 hm^2。中华人民共和国成立以来遭受的 10 次较大洪水,均有圩口溃破,其中 2003 年大水,中小圩口先后溃破 85 个,全是 200 hm^2 以下的圩口,其中 66.7 hm^2 以上圩口溃破 12 个,66.7 hm^2 以下圩口溃破 73 个。主要是由于无为县降水在 6 月下旬和 7 月上旬集中度大,特别是近 10 年 7 月份小时降雨强度大,洪水位上涨速度快,再叠加长江高水位,境内洪水外排困难,高水位持续时间长,以及中小圩口圩堤防洪标准低等。因此,想要通过控制洪水确保安全是不切实际的,必须转变治水理念,从控制洪水转向洪水风险管理。

(1)开展洪水风险分析,绘制全县洪水风险图,一方面可规范开发行为,另一方面据此合理制订防洪预案,针对不同等级洪水,统筹调度,对 200 hm^2 以下圩口采取相应的取舍方案,指导避洪行动,确保总体利益最大化。

(2)加强圩区人民群众防洪减灾的宣传教育,提高圩区人民群众的洪水风险意识,使其能积极参与防灾减灾工作,特别是需要从圩区转移时能听从指挥,能熟记预警信号、转移路线、安置地点等,做到行动统一、有序、安全。

(3)建立健全预报预警系统,及时准确预报预警,为防汛抢险提供科学的决策依据,为防汛抗洪赢得主动。

(4)规划、落实好预警方式、撤退路线、交通工具、救生器材、安置地点和医疗救助等工作,加强迁安基础设施建设,特别是撤退道路、安置点的建设与维护。

五、择时防水

在汛前、汛期根据降水规律及特点,踩准时间节点,合理安排相应工作,就会达到事半功倍的效果。

(1)无为县降水量从主汛期 6 月中旬起逐渐增加。因此,5 月前必须完成预案准备、思想准备、组织准备、工程准备、物资准备和技术准备等工作,5月至6月上旬,进一步督查、完善相关准备工作,继续进行宣传教育,开始防汛值班。这样,充分做好各项防汛准备工作,做到有备无患,为战胜洪水打下切实可靠的基础。

(2)无为县降水量从主汛期6月中旬起逐渐增加,至下旬达到峰值,持续到7月上旬,然后逐渐下降,至7月中旬后显著减少。因此,6月中旬至7月中旬是防汛抢险的关键阶段,各种险情都有可能出现。险情的发展变化一般是从无到有,由小变大,由渐变到突变,及时快速发现险情,就可将险情消灭于萌发阶段,做到治早、治小,这样既能保证工程安全又能节约抢险费用,因此巡堤查险尤为重要。除了正常的巡查外,对6月份的6时、7时,7月份的5时、6时和15时、16时、17时、18时等降水集中的时段,要提前准备,加派人员,加强巡查。

(3)7月下旬以后,降水显著减少,并趋于均匀,可封堵圩堤决口,加强圩区排水,组织生产自救,争取赶在立秋前补种农作物,相应提高产量,弥补洪灾损失。

第三节　无为县汛期堤坝常见险情的抢护方法

对无为县自20世纪80年代以来的7次典型洪涝灾害进行分析,汛期堤坝最易出现的险情主要有:漫溢、坍塌崩岸、渗水、滑坡、管涌、漏洞、风浪险情等。若发现不及时,或鉴别不准确致使抢护方法不当,或抢护措施不力,都可能酿成堤坝决口失事。因此,堤坝一旦出险,就要准确鉴别,查明原因,及时采取有效的抢护措施,控制险情发展,逐步转危为安。

一、漫溢的抢护方法

洪水上涨,超越堤(坝)顶部,即为漫溢。土质堤(坝)是散粒体结构,洪水漫顶极易引起溃决事故。

漫溢的抢护方法主要有以下三种。

(一)加大泄洪能力,控制水位

加大泄洪能力是防止洪水漫顶,保证堤(坝)安全的措施之一。对于圩堤,要加强河道管理,事先清除河道阻水障碍物,增加河道泄洪能力。对于水库,则应加大泄洪建筑物的泄洪能力,限制库水位的升高。若遇非常洪水,可综合各方面因素,慎重启用非常溢洪道或破副坝来降低库水位,确保主坝安全。

(二)减小来水流量

利用上游的水库或蓄滞洪区等进行分洪,减小来水流量,保证下游堤(坝)的安全。

(三)抢筑子堤,增加挡水高度

如泄水设施全部开放而水位仍迅速上涨,根据上游水情和预报,有可能出现洪水漫顶危险时,应及时抢筑子堤,增加堤(坝)挡水高程。填筑子堤前应预先清除堤(坝)顶的杂草、杂物,刨松表土,并在子堤中线处开一条深为 0.2 m,底宽为 0.3 m,边坡为 1:1 的结合槽,以利子堤与原堤(坝)结合良好。子堤迎水坡脚一般距上游堤(坝)肩 0.5 ~ 1.0 m。子堤的取土地点一般应在堤(坝)脚 50 m 以外,或取用土牛(汛前堤坝上备置的土料堆)。

子堤型式由物料条件、原堤(坝)顶的宽窄及风浪大小来选择,一般有以下几种:

(1)土料子堤。采用土料分层填筑夯实而成。子堤一般顶宽不小于 0.6 ~ 1.0 m,上下游坡度不陡于 1:1,堤顶应超出推算最高水位 0.5 ~ 1.0 m,如图 6-3 所示。土料尽可能选用黏性土壤,不要用沙土或杂有植物根叶的腐殖土和含有盐碱等易溶于水的土料,填筑时要分层填土夯实保证质量。土料子堤具有就地取材、方法简便、成本低以及汛后可以加高培厚成为正式堤(坝)身而不需拆除的优点。但它有体积较大,抵御风浪冲刷能力弱,下雨天土壤含水量过大,难以修筑坚实等缺点。土料子堤适用于堤(坝)顶较宽、取土容易、洪峰持续时间不长和风浪较小的情况。

(2)土袋子堤。由草袋、土工编织袋、麻袋等装土填筑,并在土袋背面填土分层夯实而成,如图 6-4 所示。填筑时,袋内装土七八成满后,用草绳、塑料绳或麻绳将袋口缝合,袋口向背水侧,铺砌紧密,袋缝错开,每砌一层要和下一层交错掩压,并向后退一些,使土袋临水形成

1∶0.5,最陡1∶0.3的边坡。不足1m高的子堤,临水叠铺一排土袋(或一丁一顺),较高子堤底层可酌情加宽为两排,也可更宽些。土袋后面修土戗,遂砌土袋遂分层铺土夯实。土袋内侧缝隙可在铺砌时分层用沙土填垫密实,外露缝隙用麦秸、稻草等物塞严,以免袋后土料被风浪抽吸出来。土袋主要起防冲作用,要避免使用稀软、易溶和易于被风浪冲刷吸出的土料,一般用黏性土料较好,颗粒较粗或掺有砾石的土料也可以使用。土袋子堤体积较小而坚固,能抵御风浪冲刷,但成本高,汛后必须拆除。土袋子堤适用于堤(坝)顶较窄和风浪较大的情况。

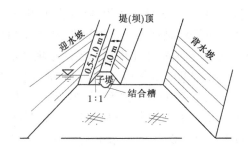

图6-3　土料子堤

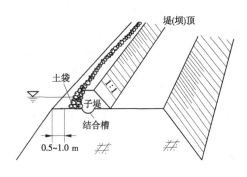

图6-4　土袋子堤

(3)利用防浪墙抢筑子堤。当堤(坝)顶设有防浪墙时,可在防浪墙的背水面堆土夯实,或用土袋铺砌而成子堤。当洪水位有可能高于防浪墙顶时,可在防浪墙顶以上堆砌土袋,并使土袋相互挤紧密实,如图6-5所示。

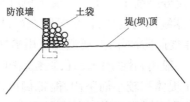

图 6-5　利用防浪墙抢筑子堤

　　另外,还可以采用插接式防洪子堤、吸水膨胀袋子堤等新型子堤来挡洪水。插接式防洪子堤是利用面板坝原理,用多个角架、横梁和挡水面板连接形成刚性子堤坝体,挡水面板起到面板坝挡水作用,主要用于沙壤土、壤土、黏土及混凝土等软质堤防应急防漫抢险,具有依水治水、高效快捷、组坝灵活、适应性强、便于储运、造价低廉、回收复用、绿色环保等特点。吸水膨胀袋子堤吸水材料为高分子化学物,遇水后体积快速膨胀 80 ~ 100 倍,吸水膨胀袋吸水前为 420 g,将吸水袋浸入水中 3 ~ 5 min 后即可膨胀至 18 ~ 20 kg,可承压重达 150 kg 的重物。洪水退后,未吸水的防洪袋可放回室内干燥之处密封保管,已吸过水的防洪袋待自然风干,作废弃物处理,无毒、无害、无污染。

　　需要注意的事项:①根据预报估算洪水到来的时间和最高水位,做好抢筑子堤的料物、机具、劳力、进度及取土地点、施工线路等安排。在抢护中要有周密的计划和统一的指挥,抓紧时间,务必抢在洪水到来前完成子堤。②抢筑子堤务必全线同步施工突击进行,决不允许中间留有缺口或部分堤(坝)段施工进度过慢的现象存在。③抢筑子堤要保证质量,要经受得起超标准洪水考验,如果子堤溃决,将会造成更大的灾害。④在抢筑子堤中,要指定专人严密巡视检查,以加强质量监督,发现问题,及时处理。

二、坍塌崩岸的抢护方法

　　坍塌崩岸是指堤(坝)临水坡在水流作用下发生塌落的险情,是水流与岸坡相互作用的结果。

坍塌崩岸的抢护方法主要有以下四种。

(一)桩排护坡法

当水深不大,坡脚受水流淘刷而坍塌时,可采用此法。先摸清坍塌部位的水深,确定木桩的长度,一般桩长为水深的 2 倍。在坍塌处的下沿打桩一排,桩入土 1/3 至 1/2,桩距 1 m,桩顶略高于坍塌部分的最高点,如一排不够高可在第一级护岸基础上再加二级或三级护岸。木桩后密叠直径为 0.1 m 的柳把一层(或散柳),其后用散柳、散秸或其他软料铺填厚 0.2 m 左右,软料背后再用黏性土填实。在坍塌部位的上部与前排桩交错另打长 0.5~0.6 m 的签桩一排,桩距仍为 1 m,略露桩顶,用麻绳或 14 号铅丝将前排桩拉紧,固定在签桩上,以免前排桩受压后倾倒,最后用厚 0.2~0.3 m 的黏性土封顶,如图 6-6 所示。

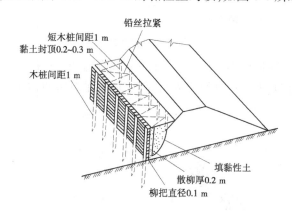

图 6-6　桩排护坡

(二)护脚防冲法

堤(坝)受水流冲刷,堤(坝)坡、脚已成陡坎,必须立即采取护脚防冲措施。常见的做法是,在崩岸部位抛投块石、土袋、石笼、柳石枕或沉放软体排、柳树等,防冲促淤,如图 6-7 所示。这些方法可就地取材,施工简便,能适应河床变形,因而应用广泛。

(三)外削内帮法

堤(坝)高大,无外滩或滩地狭窄,可先将临河水上陡坡削缓,以减

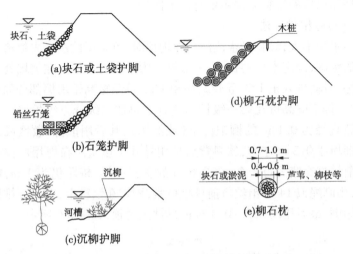

图 6-7　护脚防冲

轻下层压力,降低崩塌速度,同时在内坡坡脚铺沙、石、梢料或土工布作排渗体,再在其上利用削坡土内帮,临水坡脚抛石防冲,如图 6-8 所示。

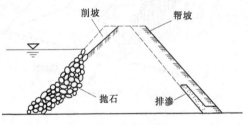

图 6-8　外削内帮

(四)退建法

洪水顶冲大堤,堤防坍塌严重而抢护不及或抢护失效,就应当机立断组织退建。在弯道顶部退建要有充分宽度。退建堤防也要严格按标准修筑。

需要注意的事项:①崩岸的前兆是裂缝,因此要密切注意裂缝的发生、发展情况,善于从裂缝分布、裂缝形状判断堤(坝)是否会产生崩岸。已有裂缝,特别是弧形裂缝段,切不可堆放抢险物料或其他荷载,并要加以保护,防止雨水灌入。②要从河势、水流势态及河床演变特点,分析本段崩岸产生的原因、严重程度及发展趋势,以便分别采取合理的抢护措施。③抢护要领是"护脚为先"。④洪峰退落时,抢险人员因长期劳累,易产生麻痹松懈情绪,此时要特别注意防护"落水险"险情。

三、渗水的抢护方法

汛期高水位情况下,堤(坝)背水坡及坡脚附近,土壤潮湿或发软并有水流渗出的现象,称为渗水。渗水如不及时处理,有可能发展为管涌、滑坡,甚至发生漏洞等险情。

渗水的抢护方法主要有以下三种。

(一)临河截渗法

首先在临水坡脚前 0.5~1 m 处打一排木桩,桩距 1 m,桩长根据水深和溜势确定,以桩顶高出水面为度,一般入土 1 m。再用竹竿、木杆将木桩串联,上挂芦席或草帘,并将木桩顶端用 8# 铅丝或麻绳与堤(坝)顶上的小木桩栓牢。最后在桩柳墙与堤(坝)迎水坡之间填土筑戗体,如图 6-9 所示。

如果堤(坝)临河水深、流速不大,附近有黏性土壤,且取土较易,可将堤(坝)迎水坡的树木、草、杂物清除后,直接抛投黏土筑前戗截渗。一般前戗顶宽 3~5 m,长度超出渗水段两端各 5 m,戗顶高出水面约 1 m,如图 6-10 所示。

(二)导渗沟法

对于大面积渗水,可以在背水坡渗水处开沟填滤料导渗,能有效地降低浸润线,使堤(坝)坡土壤恢复干燥,有利于堤(坝)身的稳定。导渗沟的布置形式有纵横沟、Y 字沟和人字沟等。沟的尺寸和间距应根据具体情况决定,一般沟深 0.5~1 m,宽 0.5~0.8 m,沟的间距 3~5 m,沟的底坡与堤(坝)边坡相同。施工时先顺坡脚开挖一条纵向排水沟,填好滤料,并设法使渗水排向远离坡脚的排水道。坡面上布置的导渗沟要与排水沟相连,挖填顺序应从两端开始,逐步向中间合龙,逐段开挖,逐段填滤料,一直挖填到出现渗水的最高点以上,沟底要求平整

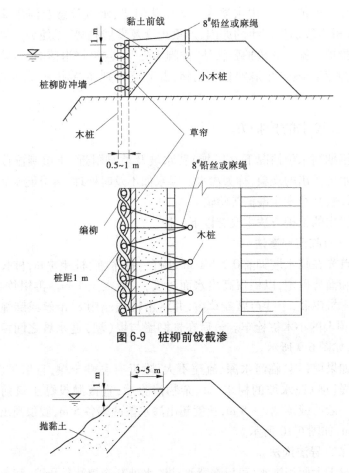

图 6-9　桩柳前戗截渗

图 6-10　黏土前戗截渗

顺直。如开沟后排水仍不顺畅,可于横沟之间再增开横沟或斜沟,以改善排渗效果。导渗沟内要按反滤层要求分层填放粗砂、小石子(卵石或碎石,粒径 0.5 ~ 2 cm)、大石子(卵石或碎石,一般粒径 4 ~ 10 cm),每层厚 15 ~ 20 cm,粗砂层可适当加厚。砂石料可用天然料或人工料,但务必洁净,否则将影响反滤效果。铺料时要掌握下细上粗,边细中粗,分层排列,两侧要分层包住,严格避免粗料(石子)与渗水土壤接触。为防止泥土掉入导渗沟内,阻塞渗水通道,可在导渗砂石料上面覆盖块石、草袋或者上铺席片、麦秸或稻草,然后适当压土,加以保护。如缺乏合格的砂石料,可选用符合滤层要求的土工织物或梢料作为滤料。导渗沟如图 6-11 所示。

（三）透水后戗法

当断面单薄,背水坡较陡,坡面渗水严重,有滑坡可能时,可修筑透水后戗,既能排出渗水,防止渗透破坏,又能加大断面,达到稳定堤（坝）的目的。修筑时先将工程范围内坡脚和坡面上的软泥、草皮、杂物等清除,挖深约 10 cm。然后在清除好的基础上,采用透水性大的砂土填筑,并分层夯实。砂土后戗一般高出浸润线逸出点 0.5 ~ 1 m,顶宽 2 ~ 4 m,戗坡 1:3 ~ 1:5,长度超过渗水段两端各 5 m。采用透水性较大的粗砂、中砂作后戗,断面可小些;采用透水性较小的细砂、粉砂作后戗,断面则大些。如缺乏砂土料源或料源过远,可修筑梢土后戗。透水后戗如图 6-12 所示。

需要注意的事项:①抢护渗水险情,应尽量避免人员在渗水范围内践踏,以免加大加深稀软范围,造成施工困难和险情扩大。②如渗水堤段的堤脚附近有潭坑、池塘,在抢护渗水险情的同时,应在堤脚处抛填块石或土袋加固基础。③砂石导渗要严格按质量要求分层铺设,要尽量减少在已铺好的层面上践踏,以免破坏滤层。④采用梢料作导渗时,因梢料易腐烂,汛后须拆除,重新采取永久性加固措施。⑤在土工织物以及土工膜、土工编织袋等化纤材料的运输、存放和施工过程中,应尽量避免和缩短其受阳光暴晒的时间,并于抢护完成后,在其表面覆盖一定厚度的保护层。⑥切忌在背水坡用黏性土做压浸台,以免阻碍渗流逸出,抬高浸润线,导致渗水范围扩大和险情恶化。

四、滑坡的抢护方法

滑坡是堤（坝）坡失稳下滑造成的险情,开始时在堤（坝）顶部或边坡上发生裂缝或蛰裂,随着蛰裂的发展即形成滑坡。发生滑坡应及时恢复堤（坝）身完整,以免导致堤（坝）决口。

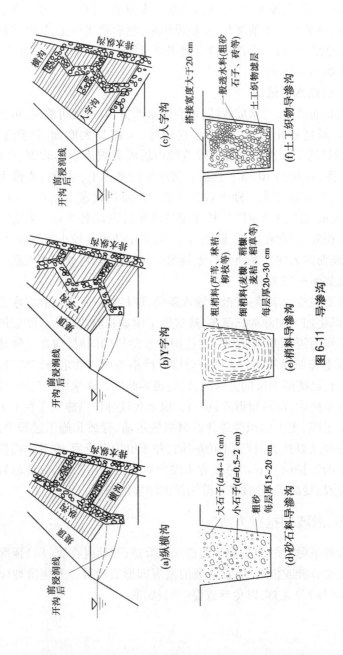

(a)纵横沟　　(b)Y字沟　　(c)人字沟

(d)砂石料导渗沟

大石子(d=4~10 cm)
小石子(d=0.5~2 cm)
粗砂
每层厚15~20 cm

(e)稍料导渗沟

粗稍料(芦苇、秫秸、柳枝等)
细稍料(麦糠、稻糠、稻草等)
麦秸、稻草
每层厚20~30 cm

(f)土工织物导渗沟

搭接宽度大于20 cm
一般透水料(粗砂、石子、砖等)
土工织物滤层

图 6-11　导渗沟

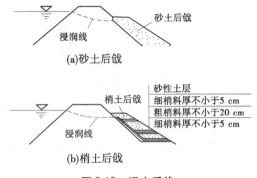

图 6-12　透水后戗

滑坡的抢护方法主要有以下四种。

（一）滤水土撑法

若背水坡排水不畅，滑坡严重且范围较大，取土困难，可在滑坡范围内全面抢筑导渗沟，导出滑坡体内渗水，降低浸润线，并采取间隔抢筑透水土撑，阻止继续滑坡。具体做法是：先将滑坡松土清除，削坡后全面开挖导渗沟，并填以滤料，其上覆盖保护层，然后抢筑土撑。导渗沟应向下挖至纵向明沟，以利渗水排出。土撑尺寸应视险情和水情确定，一般每条土撑顺堤（坝）轴线方向长 10 m 左右，顶宽 5～8 m，边坡 1:3～1:5，间距 8～10 m，撑顶应高出浸润线逸出点 0.5～2 m，土撑采用透水性较大的沙料，分层填筑夯实，如图 6-13 所示。如基础不好，或背水坡脚靠近水塘，或有溃水、软泥等，要先用块石或土袋固基，并用砂性土填塘，应高出水面 0.5～1 m。

如系堤（坝）背水滑坡，险情严重，断面单薄，边坡过陡，有滤水材料和取土较易处，可在滑坡范围内全面抢护导渗后戗，既能导出渗水，降低浸润线，又能加大堤（坝）断面，使险情趋于稳定。此法称为滤水后戗法，其具体做法与上述滤水土撑法基本相同，主要区别在于滤水土撑法抢筑土撑是间隔的，而滤水后戗是全面连续抢筑，其长度超过滑坡体两端各 5～8 m。

（二）滤水还坡法

凡采用反滤结构，恢复堤（坝）断面的抢护滑坡措施，统称为滤水

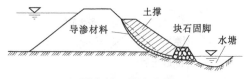

图 6-13　滤水土撑

还坡法。该法适用于背水坡由于土壤渗透系数偏小引起浸润线升高，排水不畅，而形成的严重滑坡。具体做法为：清理滑坡软泥，将滑坡处陡立的土坎削成斜坡，然后做导渗沟，覆盖保护后，分层填夯砂性土还坡，或不做导渗沟，视情况填筑反滤层、梢土、砂土还坡，如图 6-14 所示。

（三）抛石（堆石）固脚法

临水面滑坡的抢护要尽量增加阻滑力，减小下滑力。具体地说是先在下部抛石（堆石）压重固脚，再于上部削坡减载。

（四）临河截渗法

若背水坡滑坡严重，范围较广，在背水坡抢筑滤水土撑、滤水还坡等工程需要较长时间，一时难以奏效，而临水又有滩地时，可用黏性土修前戗截渗，也可与抢护背水滑坡同时进行。其具体做法参见抢护渗水险情的相应内容。

需要注意的事项：①滑坡是堤（坝）的一种严重险情，一般发展很快，一经发现就应立即处理。在险情十分严重采用单一措施无把握时，可考虑临背同时抢护或多种方法并行抢护，以确保堤（坝）防安全。②在滑坡体上作导渗沟，应尽可能挖至滑裂面，导滤材料的顶部要做好覆盖保护，勿使滤层堵塞，以利排水畅通。③渗水严重的滑坡体上，要避免大批人员踩踏，在填土还坡时，要注意上土不宜过急、过量，以免超载，致使险情扩大。④一般不能采用打桩的方法抢护背水滑坡。

五、管涌的抢护方法

管涌和流土是土体两种主要的渗透变形形式。在堤（坝）背水坡脚附近的地面，或堤脚以外的洼坑、水沟、稻田中出现孔眼冒沙翻水的现象称之为管涌。由于冒沙处往往形成"沙环"，故又称"土沸""沙

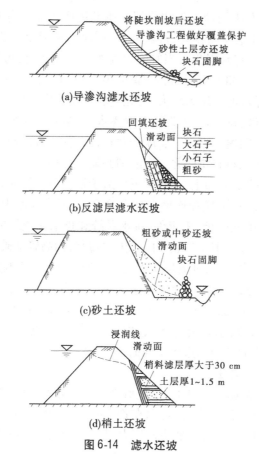

(a)导渗沟滤水还坡

(b)反滤层滤水还坡

(c)砂土还坡

(d)梢土还坡

图6-14　滤水还坡

沸""翻沙鼓水"或"泡泉"。管涌孔径小的如蚁穴,大的数十厘米,少则出现一两个,多时可出现管涌群。流土出现土块隆起、膨胀、断裂或浮动等现象,也称"牛皮胀"。在实际抢险中,因很难将管涌和流土严格区分,故习惯上把这两者统称为管涌险情。管涌险情在汛期最为多见,也是导致堤(坝)溃决的常见原因。

管涌的抢护方法主要有以下六种。

(一)反滤围井法

当堤(坝)背水面发生数目不多、面积不大的严重管涌时,可用抢筑反滤围井的方法处理。先清除拟建围井范围内杂物并挖去软泥约20 cm,周围用土袋填筑围井,再在围井中铺填砂石反滤材料,并在围井上部安设排水管将水引出。当管涌口涌水压力较小时,可以自下而上铺填粗砂、小石子和大石子,每层厚度 20～30 cm,滤料组成应符合级配要求;若管涌口涌水压力较大,可先填块石或砖头,以消杀水势,再按前述方法铺填砂石滤料。若发现井壁渗水,可距井壁 0.5～1 m 位置再围一圈土袋,中间填土夯实。若缺少砂石料,也可用符合滤层要求的梢料、土工织物作滤料修筑围井。反滤围井如图 6-15 所示。

采用装配式围井和土工滤垫,不仅适于抢护单个管涌,也适于抢护管涌群,并且铺设、更换和连接十分方便迅速,可重复使用,储运方便。装配式围井由单元围板、固定件、排水系统和止水系统组成,抢护管涌时,以管涌孔口处为中心安装装配式围井蓄水,抬高管涌破坏孔口处水位,减小上下游水位差,抑制堤防管涌破坏的恶化。与装配式围井配套使用的土工滤垫,其主要作用是"透水保沙",由三层材料固定成一整体:上层为保护层,保护土工织物,防止其变形而影响过滤特性;下层为减压层,控制水势,削减流速水头;中层为滤层,用土工织物做过滤材料,可根据土质的不同而选用不同的土工织物。

(二)减压围井法

若管涌的范围较大,出口较多,临背水位差较小,地表坚实,渗透系数较小,且缺乏反滤材料时,可以在管涌的周围抢筑围井,抬高围井内水位,减少内外水头差,降低渗透压力,阻止管涌破坏,以改善险情,如图 6-16 所示。

(三)反滤铺盖法

若管涌较多,连成一片,且砂石料源充足,可修筑砂石反滤铺盖,降低涌水流速,制止泥沙流失,以稳定管涌险情。采用此法可以降低渗压,制止泥沙流失。抢筑前,先清理铺设范围内的软泥和杂物,对其中涌水带沙较严重的管涌出口,用块石或砖块抛填,以消杀水势。同时在已清理好的范围内,全部盖压一层粗砂,厚约 20 cm,其上再铺小石子和大石子各一层,厚度均约 20 cm,最后压盖块石一层,予以保护。若缺少砂石料,也可用符合滤层要求的梢料、土工织物作滤料修筑反滤铺

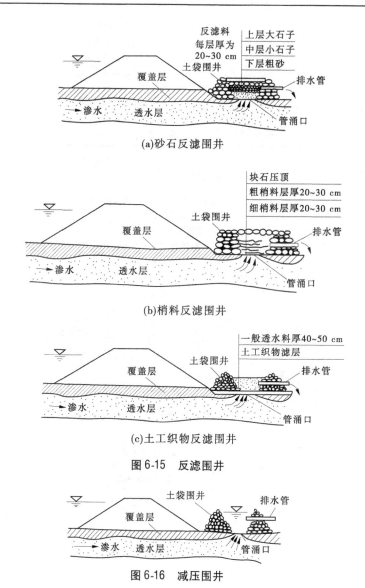

(a)砂石反滤围井

(b)梢料反滤围井

(c)土工织物反滤围井

图 6-15　反滤围井

图 6-16　减压围井

盖。反滤铺盖如图 6-17 所示。

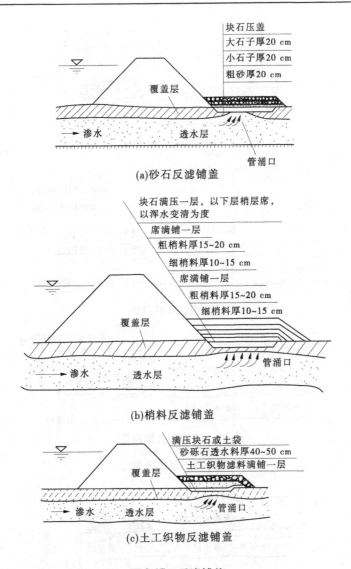

(a)砂石反滤铺盖

(b)梢料反滤铺盖

(c)土工织物反滤铺盖

图6-17　反滤铺盖

(四)透水压渗台法

抢筑透水压渗台,可平衡渗压,延长渗径,降低渗透比降,反滤导渗,从而控制险情。此法适用于管涌较多,范围较大,反滤材料缺乏,而砂土料源丰富的情况。具体做法参见前述渗水抢护中的透水后戗法。

(五)水下管涌抢护方法

在背水坡脚以外的潭坑、池塘、洼地等水下出现管涌时,可根据具体情况采用以下方法抢护:

(1)填塘法。在人力、时间和取土条件能够迅速完成任务时可采用此法。填塘前应对较严重的管涌先用块石、砖块等填塞,待水势消杀后,集中人力和施工机械,采用砂性土或粗砂将坑塘填筑起来。

(2)水下反滤层法。如塘坑过大,砂土填塘会延误时机时,可采用水下反滤层法。抢筑时,应先填塞较严重的管涌,待水势消杀后,从水上直接向管涌区域分层按要求倾倒砂石滤料,使管涌处形成反滤堆,不使土粒外流以控制管涌险情发展。亦可用土袋做成水下围井,以节省砂石滤料。

(3)抬高坑塘水位法。此法的作用原理同减压围井法。为了争取时间,常利用管道引水入塘或临时安装抽水机注水入塘,抬高塘坑水位,制止管涌冒沙现象。

(六)流土抢护方法

在堤(坝)背水坡坡脚附近,当渗透水压力未能顶破表土而形成鼓包(牛皮包),即流土险情时,可在隆起部位铺 10 ~ 20 cm 厚的细梢料,再铺 20 ~ 30 cm 厚的粗梢料。铺好后,用钢锥戳破鼓包表层,让包内水分和空气排出,然后再压块石、沙袋保护。

需要注意的事项:①背水处理管涌险情时,切忌用不透水材料强填硬塞,也避免使用黏性土修筑压渗台,以免断绝排水通路,渗压增大,使险情恶化。②建造减压围井,井壁要有足够的高度和强度,并密切注意周围地面是否会出现新的管涌。③使用土工织物导渗反滤,要注意其有效孔径与管涌冒出来的土粒的粒径相匹配。④对于较严重的管涌,应优先选用砂石反滤围井,各层粗细砂石料的颗粒大小要合理。此外,必须分层明确,不得掺混。⑤反滤铺盖和透水压渗台只宜用于渗水量和渗透流速较小的管涌(群),或普遍渗水的区域。

六、漏洞的抢护方法

在汛期或高水位情况下,堤(坝)背水坡及坡脚附近出现横贯堤(坝)本身或基础的流水孔洞,称为漏洞。漏洞视出水是否带沙而分为清水漏洞和浑水漏洞两种。浑水漏洞表明漏洞正在迅速扩大,应立即抢堵。

漏洞的抢护方法主要有以下四种。

(一)塞堵法

当漏洞进水口较小,周围土质较硬,水浅流缓,便于抢护时,可用棉衣、棉被、草包或预制的软楔、草捆等堵塞洞口,如图 6-18 所示。再用土袋盖压牢固,最后抛黏土闭气,直至完全断流。

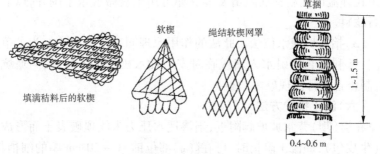

图 6-18　预制的软楔、草捆

(二)盖堵法

当洞口不大、周围土质较硬时,可用大于洞口的铁锅(或门板)盖住洞口,然后用软草、棉絮塞紧缝隙,上压土袋,并抛黏土闭气,直至完全断流。如果洞口土质已软化,或进水口较多,可用篷布、草帘、土工膜等重叠数层做成软帘,一端卷入圆形重物,一端固定在水面以上的堤坡上,顺堤坡滚下,随滚随压土袋,并抛黏土闭气,如图 6-19 所示。

(三)戗堤法

当堤(坝)迎水坡漏洞进水口难以找准时,可采用黏土前戗截渗法或临河月堤法进行抢护。黏土前戗截渗法可参见渗水抢护中的相应内容。临河月堤法是在水不太深的情况下,用土袋筑成月牙围堰,将漏洞

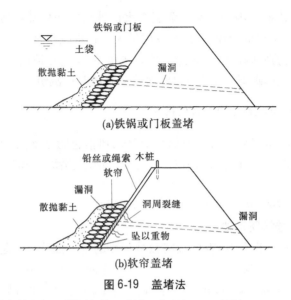

(a)铁锅或门板盖堵

(b)软帘盖堵

图 6-19 盖堵法

进口围护在围堰内,再抛填黏土封闭,如图 6-20 所示。

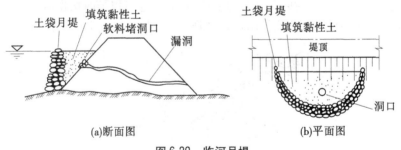

(a)断面图

(b)平面图

图 6-20 临河月堤

(四)反滤围井法

如果漏洞进口无法找到,或进口无法堵塞,以及险情严重,外截任务重,短时间难以奏效时,可在外截的同时,在背水坡修筑反滤围井来导渗,特别对浑水漏洞,外截和内导要齐头并进。反滤围井法可参见管涌抢护中的相应内容。

需要注意的事项:①要正确判断险情是堤(坝)身漏洞还是堤(坝)基管涌。如是前者,则应寻找进水口并以外帮堵截为主,辅以内导,而不能完全依赖于内导。②在漏洞进水口外帮时切忌乱抛砖石土袋、梢料物体,以免架空,使漏洞继续发展扩大。在漏洞出水口切忌打桩或用不透水料物强塞硬堵,以防险情扩大恶化,甚至造成溃决。③凡发生漏洞险情的堤(坝)段,汛后一定要灌浆加固或开挖翻筑。

七、风浪险情的抢护方法

汛期涨水以后,堤(坝)前水深增大,风浪也随之增大,堤(坝)坡受风浪进退的连续冲击和淘刷而出现浪坎、坍塌、滑坡、漫溢等现象,称为风浪险情。

风浪险情的抢护方法主要有以下四种。

(一)挂柳防浪法

选用枝叶繁茂的柳枝,或将数枝较小的柳枝捆扎在一起,用铅丝或绳子将柳枝系在堤(坝)顶木桩上,树梢伸向堤外,并在树杈上捆扎块石或沙袋,顺堤(坝)坡推柳入水,起到消减风浪、缓和溜势、促淤防冲作用,如图 6-21 所示。挂柳间距及悬挂深度应视溜势及坍塌情况而定,一般主溜附近挂密一些,边上挂稀一些,还可以随时根据需要补挂。该法可就地取材,消浪作用较好,但要注意枝杈摇动损坏坡面。

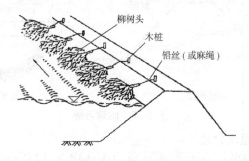

图 6-21　挂柳防浪

(二)挂枕防浪法

将秸料、苇料或柳枝等用铅丝扎成直径 0.5 ~ 0.8 m 的枕,长短根据河段弯曲情况而定,将枕两端用绳系在堤(坝)顶木桩上,推置水面上,随波起伏,起到消浪作用,如图 6-22 所示。该法适用于水深不大,风浪较大的堤(坝)段。当风力较大、风浪较高、一枕不足以防冲刷时，可挂两个或更多的枕，即连环枕。

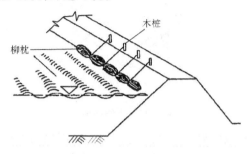

图 6-22　挂枕防浪

(三)土工织物防浪法

将土工织物铺放在堤(坝)坡上，以抵抗波浪的破坏作用。铺设前，应清除铺设范围内坝边坡上的块石、树枝、杂草和土块等，以免造成土工织物的损伤。铺设时，土工织物的上沿一般应高出洪水位1.5~2.0 m，并用间距为1.0 m的平头钉将土工织物的四周钉牢于边坡上。土工织物的宽度应按堤(坝)的临水坡受风浪冲击的范围决定，一般不小于4 m，宽度不够时，应按需要预先粘贴或焊接牢固。如果土工织物顺堤(坝)长度短于保护地段的长度，可以搭接，其搭接长度不小于1.0 m，并应在铺设中钉压牢固，以免被风浪揭开。

(四)土袋防浪法

对于抗冲性差，当地缺少秸、柳软料，风浪袭击较严重的堤(坝)段，可在堤(坝)坡铺土袋防风浪冲刷。具体做法是：用麻袋、草袋或土工袋装土或卵石、碎石、碎砖、沙等至八成满，用细麻绳缝住袋口，如装土料，先在袋底装青草一层，以防风浪将土淘空。根据风浪冲击范围顺堤(坝)摆放土袋，摆放时使袋口向里，袋底向外，依次排列、叠压至高出水面1.0 m或略高于浪高，袋间排挤严密并注意错缝，以保证防浪效果，如图6-23所示。边坡较陡时，土袋与边坡之间应垫土增加其摩擦力，以免土袋滑落。

需要注意的事项：①抢护风浪险情尽量不要在边坡上打桩，必须打

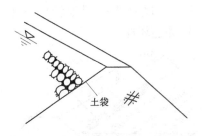

图 6-23　土袋防浪

桩时,桩距要疏,以防破坏土体结构,影响堤(坝)抗洪能力。②防风浪
一定要坚持"以防为主"的原则,平时要加强管理养护,备足防汛料物,
避免或减少出现抢险被动局面。在风浪袭击严重的堤段,如临河有滩
地,应及时种植防浪林并应种好草皮护坡,这是一种行之有效的防风浪
生物措施。

八、决口的抢护方法

江河、湖泊堤防在洪水的长期浸泡和冲击作用下,当洪水超过堤防
的抗御能力,或者在汛期出现抢护不当或不及时,都会造成堤防决口。

在堤防尚未完全溃决,或决口时间不长、口门较窄时,可用大体积
料物抓紧时间抢堵。当口门已经扩大,现场又没有充足的堵口料物,则
不必强行抢堵,否则不但浪费料物,成功机会也不大,可在洪水退落,口
门过水较少时抓紧堵复,以防下次洪水再次进水。河堤多处决口,应按
照"先堵下游,后堵上游,先堵小口,后堵大口"的原则进行堵口。在堵
口堤线上,选水深适宜、地基相对较好的地段,预留一定长度,作为合龙
口,并在这一段先抛石或铺土工布护底防冲,等两端堵复到恰当距离
时,集中力量合龙。

(一)堵口的工程布置

应就地取材,充分利用地形条件,根据具体情况进行堵口工程的布
置。一般堵口工程归纳起来可分为主体工程(堵坝)、辅助工程(挑流
坝)和引河等三大部分。有些河道,不具备这种条件,则只有在原地堵
口。

1. 堵坝

堵坝的位置应经过调查研究慎重决定。堵坝一般布置在决口附近,迫使主流仍回原河道。若有适当滩地,也可将堵坝修筑在滩地上。但也有因受地基、地形、河势等条件限制,被迫退后修筑遥堤(远离河槽的大堤)的。

2. 挑流坝

挑流坝是把主流挑离决口的坝,如丁坝等。其布置方法如下:

(1)有引河的堵口,挑流坝应布置堵口上游的同岸,如图 6-24 所示,可将主流挑向引河。

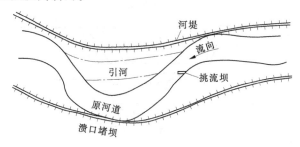

图 6-24　引河分流示意图

(2)在无引河的情况下,挑流坝应布置在口门附近上游河湾处。一方面将主流挑离口门,减少口门流量;另一方面消杀水势,减小水流对堵口截流工程的顶冲作用,以利堵口。

(3)挑流坝的长度要适当。过长增加工程量,对稳定也不利;过短挑开水流作用不大。如水流过急,流势较猛,一道挑流坝难挡水势,可修两道或两道以上的挑流坝,坝间距一般为上游挑流坝长度的 2 倍。

3. 引河

引河的选线要根据地形、地质、施工条件、工程量及经济条件等多种因素确定。引河进口应选在堵口上游附近,以减少堵口处的流量,降低堵口处的水位。出口位置应选在原河道受淤积影响小的深槽处。

(二)堵口的方法

1. 按进占顺序分类

堵口的方法,按进占顺序可分为平堵法和立堵法两种。

1)平堵

平堵是从口门底部逐层垫高,使口门的水深、流量相应减小,因而对口门的冲刷减弱,直至口门被封闭为止,如图6-25(a)所示。其施工步骤如下:

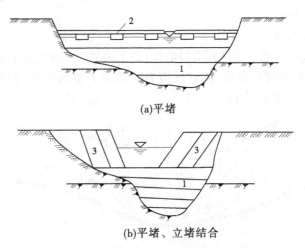

(a)平堵

(b)平堵、立堵结合

1—平堵进占体;2—浮桥;3—立堵进占体

图6-25　平、立堵方法示意图

(1)堵口轴线选定后,在选定轴线上先要架设施工便桥(可做成浮桥),然后从便桥上运送堵口材料,向口门处层层抛铺,直至高出上游水位为止。

(2)临水面要求按反滤层铺筑,先碎石(或卵石)再砾石、粗砂,最后抛填土料,以截断渗流。也有用埽捆及抛土闭气填筑的。

平堵时口门的水深、流量和流速逐渐减小,因此冲刷较轻,但事先需架设施工便桥,一次性用材多且投资较大。平堵法适用于水头差较小、河床易于冲刷的情况。

2)立堵

立堵是在溃口两端向中间进占,最后合龙闭气。立堵施工方便,可就地取材,投资较少。但立堵进占到一定程度时,口门流速增大,将加剧对地基的冲刷,合龙比较困难。因此,也有采用平堵与立堵相结合的方式,如图6-25(b)所示。即先将溃口处深槽部位进行平堵,然后再从溃口两端向中间进行立堵。在开始堵口时,一般流量较小,可用立堵快速进占。在缩小口门后,流速较大,再采用平堵的方式,减小施工难度。

在1998年的长江抗洪斗争中,借助人民解放军在工具和桥梁专业方面的经验,采用了"钢木框架结构,复合式防护技术"进行堵口合龙。这种方法是用ϕ40 mm左右的钢管间隔2.5 m沿堤线固定成数个框架,钢管下端插入堤基2 m以上,上端高出水面1～1.5 m做护栏,将钢管以统一规格的连接器件组成框网结构,形成整体。在其顶部铺设跳板形成桥面,以便快速在框架内外由上而下、由里而外填塞料物袋,以形成石、钢、土多种材料构成的复合防护层。

2.按抢堵材料及施工特点分类

堵口的方法,按抢堵材料及施工特点,可分为以下几种形式。

1)直接抛石

在溃口直接抛投石料,要求石块不宜太小,溃口水流速度越大,所用的石料也越大,同时抛石的速度也要相应加快。

2)铅丝笼、竹笼装石或大块混凝土抛堵

当石料比较小时,可采用铅丝笼、竹笼装石的方法组成较大的整体,也可用事先准备好的大块混凝土抛投体进行合龙。对于龙口流速较大者,可将几个抛投体连接在一起同时抛投,以提高合龙效果。

3)埽工进占

埽工进占是我国传统的堵口方法,用柳枝、芦苇或其他树枝先扎成内包石料、直径0.1～0.2 m的柴把子,再根据需要将柴把子捆成尺寸适宜的埽捆。埽工进占适用于水深小于3 m的地区。由于水头大小不同,在工程布置上又可分为单坝进占和双坝进占。

(1)单坝进占。当水头差较小时,用埽捆做成宽约2 m的单坝,由口门两端向中间进占,坝后填土料,其坡度可采用1∶3～1∶5。

(2)双坝进占。当水头差较大时,可用埽捆做两道坝,从口门两端同时向中间进占。两坝中间填土,宽8～10 m,与坝后土料同时填筑。

无论是单坝进占还是双坝进占,坝后土料都应随坝同时填筑升高,防止埽捆被水流冲毁。最后合龙时可采用石枕、竹笼、铅丝笼,背水面以土袋或砂袋填压。

4)打桩进占

当堵口处水深为 1.5 m 左右时,可采用打桩进占合龙。具体做法是先在两端加裹头保护,然后沿坝轴线打一排桩,其桩距一般为 1 ~ 2 m,若水压力大,可加斜撑以抵抗上游水压力。计划合龙处可打三排桩,平均桩距 0.5 m,桩的入土深度为 2 ~ 3 m,用铅丝把打好的桩连接起来。接着在桩上游面用一层草一层土(或竖立柴排)向中间进占,层草层土或竖立埽捆,同时后面填土进占。进占到一定程度,可只留合龙口门,然后将石枕、土袋、竹笼等抗冲能力强的材料迅速放进口门合龙,最后按反滤要求闭气封堵。

5)沉船堵口

当堵口处水深流速大时,可采用沉船抢堵决口,在口门处将水泥船排成一字形,船的数量应根据决口大小而定。在船上装土,使土体重量超过船的承载力下沉,然后在船的背水面抛土袋和土料,用以断流。根据 1998 年九江市城防江堤决口抢险的经验,沉船截流在封堵决口的施工中起到了关键作用。沉船截流可以大大减小通过决口处的过流流量,从而为全面封堵决口创造了条件。

在沉船截流时,由于横向水流的作用,船只定位较为困难,必须防止沉船不到位的情况发生。同时,船底部难与河滩底部紧密结合,在决口处高水位差的作用下,沉船底部流速仍很大,淘刷严重,必须迅速抛投大量料物,堵塞空隙。

需要注意的事项:①堤防决口抢堵是一项十分紧急的任务,事先要做好准备工作,如对口门附近河道地形、地质进行周密勘查分析,测量口门纵横断面及水力要素,组织施工、机械力量,备足材料等。②堵口方法要因地制宜。③抢堵速度要快,一气呵成。④决口实现封堵进占后,堤身仍然会向外漏水,若不及时封堵渗漏,复堤结构仍有被淘刷冲毁的可能,因此必须采用抛投黏土、修筑月堤等方法来防渗闭气。⑤注意保证工程质量和工作人员的人身安全。

参 考 文 献

[1] 孙明玺,吴俊卿,张志兴,等.实用预测方法与案例分析[M].北京:科学技术文献出版社,1993.

[2] 黄嘉佑.气象统计分析与预报方法[M].4版.北京:气象出版社,2016.

[3] 薛冬梅.ARIMA模型及其在时间序列分析中的应用[J].吉林化工学院学报,2010,27(3):80-83.

[4] 何延治.基于时间序列分析的吉林省粮食产量预测模型[J].江苏农业科学,2014,42(10):478-479.

[5] 邢万秋,王卫光,吴杨青,等.淮河流域降雨集中度的时空演变规律分析[J].水电能源科学,2011,29(5):1-5.

[6] 任国玉,王涛,郭军,等.海河流域近现代降水量变化若干特征[J].水利水电科技进展,2015,35(5):103-111.

[7] 缪驰远,汪亚峰,郑袁志.基于小波分析的嫩江、哈尔滨夏季降雨规律研究[J].生态与农村环境学报,2007,23(4):29-32,48.

[8] 王振亚,吴德波,朱余生.基于信息熵的河南省年降水量时空变化研究[J].长江科学院院报,2013,30(11):16-19.

[9] 曾小凡,翟建青,姜彤,等.长江流域年降雨量的空间特征和演变规律分析[J].河海大学学报(自然科学版),2008,36(6):727-732.

[10] 高冰,任依清.鄱阳湖流域1961~2010年极端降水变化分析[J].水利水电科技进展,2016,36(1):31-35.

[11] 胡建桥,刘万锋,常周梅,等.兰州市1951~2015年降水量变化特征研究[J].水利水电技术,2017,48(4):8-12.

[12] 詹存,梁川,赵璐,等.基于云模型的江河源区降雨时空分布特征分析[J].长江科学院院报,2014,31(8):23-28.

[13] 宇如聪,李建,陈昊明,等.中国大陆降水日变化研究进展[J].气象学报,2014,72(5):948-968.

[14] 郑杰元,黄国如,王质军,等.广州市近年降雨时空变化规律分析[J].水电能源科学,2011,29(3):5-8,192.

[15] 刘新月,裴磊,卫云宗,等.1986~2014年临汾降水变化及对旱地小麦农艺性状的影响[J].麦类作物学报,2016,36(7):933-938.

[16] 郑皖生,邱年,阳小群,等.安徽省汛期降水时空分布特征[J].农业灾害研究,2016,6(4):32-34.

[17] 王秋龙.安徽省近50余年降水量时空变化特征分析[J].测绘工程,2014,23(11):19-24.

[18] 韩丹,程先富,张群,等.安徽省1961~2007年降水特征分析[J].人民长江,2011,42(23):23-26.

[19] 王伟宏,孙秀邦,王周青.1960~2005年皖东南降水变化分析[J].中国农学通报,2010,26(7):279-284.

[20] 邱丽丽,浦戎戎,陈跃,等.滇中地区近50年降水变化特征及突变[J].绵阳师范学院学报,2017,36(2):93-99.

[21] 潘舟艳,闫丽娟,李广,等.榆中县近42年降水突变及周期变化分析[J].甘肃农业大学学报,2016,51(6):102-109.

[22] 马荣.延安市45年降水变化趋势及突变特征分析[J].延安大学学报(自然科学版),2016,35(3):95-99.

[23] 张红英,李晶晶,段娟,等.气候变暖背景下长治市极端降水变化趋势[J].中国农学通报,2016,32(32):137-143.

[24] 杨萍,王乃昂,张海峰,等.青海湖地区降水变化趋势和突变分析[J].青海大学学报(自然科学版),2013,31(5):69-73.

[25] 黄济琛,陆宝宏,徐玲玲,等.变化条件下常德市降水气温特征分析[J].水文,2016,36(5):85-91.

[26] 娄必友,陈俊.猫跳河上游流域汛期降水特征及变化趋势[J].四川水力发电,2014,33(3):84-88.

[27] 万敏,李家启,张爽,等.北碚区降水时空分布及变化趋势分析[J].西南师范大学学报(自然科学版),2013,38(7):122-128.

[28] 徐建新,陈学凯,黄鑫.湄潭县降水突变特征分析[J].华北水利水电大学学报(自然科学版),2014,35(2):6-11.

[29] 韩璐,曹阳,常静,等.近50年来辽宁省气温和降水突变特征分析[J].中国水利水电科学研究院学报,2014,12(3):310-315.

[30] 李小燕.陕南气温和降水变化时空相关分析[J].西北大学学报(自然科学版),2014,44(6):988-992.

[31] 王润科.武都区50年气温与降水的变化趋势及相关性分析[J].天水师范学

院学报,2015,35(2):46-49.

[32] 陆小明,陆宝宏,邓山.近63年杭州市降水特征分析及趋势预测[J].水力发电,2015,41(11):17-20.

[33] 关艳玲,戴钰,吉曹翔,等.宽甸地区降水序列趋势变化及周期分析[J].现代农业科技,2016,(1):279-286.

[34] 罗启华,郭生练,李天元,等.江汉平原区域降水与气温长期变化趋势分析[J].长江科学院院报,2011,28(3):10-14.

[35] 孟鹏,安昕.沈阳市不同时间尺度降水趋势及突变研究[J].中国农学通报,2014,30(33):256-262.

[36] 周雪英,段均泽,李晓川,等.1960~2011年巴音布鲁克山区降水变化趋势与突变特征[J].沙漠与绿洲气象,2013,7(5):19-24.

[37] 王秀萍,王烁,李潇潇.1971~2013年大连地区降水变化趋势分析[J].气象与环境学报,2016,32(3):47-52.

[38] 肖义,唐少华,陈华,等.湘江流域1960~2008年降水气温变化趋势[J].人民长江,2013,44(3):10-12,32.

[39] 丛凌博,蔡吉花.ARMA模型在哈尔滨气温预测中的应用[J].数学的实践与认识,2012,42(16):190-195.

[40] 奚立平,蔡文庆,吴海鹰.基于时间序列分析的无为县降水量预测模型的研究[J].安徽水利水电职业技术学院学报,2018,18(1):50-53.

[41] 魏凤英.现代气候统计诊断与预测技术[M].2版.北京:气象出版社,2007.

[42] 宋月君,杨洁,黄明浩,等.赣县近60年气温与降雨量变化趋势研究[J].南水北调与水利科技,2011,9(6):39-42,47.

[43] 丁楠,俞芳琴,刘俊,等.1961~2011年深圳市降水变化趋势分析[J].水资源与水工程学报,2017,28(5):61-64.

[44] 奚立平,朱友聪.水利工程安全监测与养护修理[M].郑州:黄河水利出版社,2015.